통나무집 짓기 지침서
**기초 지식부터
마감까지!**

내 손으로
통나무집
짓기

통나무집 짓기 지침서
기초 지식부터
마감까지!!

내 손으로
통나무집
짓기

초판 인쇄 | 2018년 02월 22일
초판 발행 | 2018년 02월 22일

저 자 | 정직상, 강석찬, 김아형
        이상철, 이인구, 주병근 공저

발행인 | 이인구
편집인 | 손정미
사 진 | 인 산
디자인 | 나정숙

출 력 | (주)삼보프로세스
종 이 | 영은페이퍼(주)
인 쇄 | 영프린팅
제 본 | 신안제책사

펴낸곳 | 한문화사
주 소 | 경기도 고양시 일산서구 강선로 9, 1906-2502
전 화 | 070-8269-0860
팩 스 | 031-913-0867
전자우편 | hanok21@naver.com
등록번호 | 제410-2010-000002호

ISBN | 978-89-94997-38-4 13540
가격 | 30,000원

통나무집 짓기 지침서

기초 지식부터
마감까지!

내 손으로
통나무집
짓기

정직상, 강석찬, 김아형, 이상철, 이인구, 주병근

한문화사

미국과 캐나다를 여행하던 중 지인의 소개로 꽤 규모 있고 이름난 회사에서 지은 통나무집(Log house)을 방문한 적이 있다. 집에 대한 첫인상은 "와~! 정말 멋지다~!"였다. 이런 탄성이 흘러나온 이면에는 자연스럽게 비교가 된 현재 우리나라 통나무집에 대한 이미지였다. 어찌 보면 더 오랜 역사와 경험을 가지고 통나무집 짓기에 훨씬 유리한 환경과 자연조건을 두루 갖춘 선진국과 비교한다는 것이 좀 무리가 있는 듯하나 한동안 부러움의 여운은 남아 있었다.

우리나라 통나무집의 역사는 유럽 국가나 미국, 캐나다 등 선진국보다 그리 길지 않다. '현대 통나무건축의 아버지'라 불리는 캐나다의 앨런 맥키(B. Allan Mackie) 선생으로부터 통나무집 짓기를 배운 그의 제자들이 1994년에 한국통나무학교를 개설한 그 무렵부터 한국에 통나무집이 서서히 등장하기 시작했다. 지금까지 20여 년의 세월이 흘렀다. 그러나 다른 주택과 비교하면 특별한 지역을 제외하고는 아직 사람들 사이에서 주거공간으로써 크게 각인되지 못한 것이 현실이다. 여기에는 수요와 공급의 원리도 한 몫 작용했음을 부인할 수 없다. 발전하는 속도가 더디다. 그러나 여전히 통나무집을 선호하고 관심을 두는 사람들이 있는 것은 통나무집에서만 느끼는 특별한 매력이 있어서다. 우리나라에서도 선진국과 같은 멋진 통나무집을 짓기 위해 지금도 전문가들의 손은 분주히 움직이고 있다. 앞으로 발전 가능성 또한 있다. 점점 집의 완성도를 높여가며 멋스럽고 살기에도 편한 아름다운 모습으로의 탈바꿈은 여전히 현재 진행형이다.

사람은 누구나 자연을 꿈꾸고 자연과 함께 호흡하며 살다 결국 자연의 품으로 돌아간다. 본능적으로 내 집 안팎 가까이에 자연을 끌어들여 자연과 함께 살기를 원한다. 마음이 편해지기 때문이다. 사람들의 이런 본능적인 욕구와 잘 맞아 떨어지는 집이 바로 통나무집이다. 자연의 모습을 그대로 간직한 집, 그래서 통나무집이 때로는 한 폭의 그림처럼 사람들의 감성을 자극하며 감동을 주는 것이다. 또한, 통나무만이 가진 고유의 자연스러운 멋과 향은 사람의 정신을 맑게 해줄 뿐만 아니라 육체적인 건강까지도 지켜준다. 통나무집의 큰 매력이자 장점이다. 웅장하고 듬직한 남성적인 매력과 원형 그대로의 통나무로 자연미를 최대한 살려 심미적으로도 아름답고 자연 친화적이다. 통나무집의 이런 매력을 상업공간에 잘 적용하여 성공한 사례도 적지 않다. 아직 생활공간으로써 크게 자리 잡지는 못했지만, 통나무집의 특성을 제대로 이해하고 그 속에 현대생활의 편리함을 담는다면 그 어느 주택보다도 안락하고 개성 있는 아름다운 집으로써 건강하고 행복한 삶을 누릴 수 있을 것이다.

우리나라에도 과거와 비교하면 곳곳에서 멋진 모습으로 사람들의 이목을 끌고 있는 통나무집들이 많이 있다. 앞으로 예비건축주들의 요구에 맞춘 멋진 통나무집은 더 많이 생겨날 것이다. 한국 사람은 세계적으로도 인정받는 손 재능을 가진 민족이다. 그래서 특히 손이 많이 가는 수공식통나무집에서 우리 건축가들의 장인정신은 더욱 빛이 난다. 발전 속도가 더딘 것은 기술과 재능이 모자라서가 아니다. 통나무집의 매력에 빠져 통나무집을 원하는 사람이 많아지면 자연스럽게 우리나라에도 아름답고 살기 좋은 통나무집들이 많이 등장하리라 본다.

이 책은 통나무집에 특별히 관심을 두고 행복한 보금자리를 꿈꾸는 예비건축주들의 통나무집에 대한 이해를 돕고, 통나무집을 짓고 싶어 하는 사람들을 위한 충실한 지침서이다. 통나무집 짓기에 대한 기초지식부터 완성까지 기술적인 부분을 세세하게 다루어 누구나 쉽게 접근할 수 있도록 구성하였다. 통나무집 짓기에 경험이 많은 여러 전문가의 소중한 의견과 경험치를 듣고 자료들을 모으고 정리하여 최대한 반영하였다. 앞으로 이 책이 통나무집을 올바로 이해하고 또 하나의 주거공간으로써 예비건축주들에게 선택의 폭을 넓혀주는 계기가 되기를 바라며, 독특하고 아름다운 멋진 통나무집을 짓고 그 속에서 행복하고 건강한 삶을 살아가길 원하는 사람들에게 조금이나마 도움을 되기를 바란다.

2018년 2월
한문화사 편집부

CONTENTS

CHAPTER

1

통나무집의 이해

1 통나무집의 이해

1. 통나무집이란

인류가 최초로 만든 집은 누가 뭐래도 나무로 만든 집이었을 것이다. 나무집의 원형을 그대로 유지하고 있는 것이 통나무집이다. 인간은 숲에서 살았고, 그 숲에서 자연스럽게 구할 수 있는 재료인 나무를 그대로 이용해 집을 짓고 살았다. 원시적인 인간의 원형을 담을 수 있는 인류가 만든 가장 원초적이고 환경친화적인 집이 통나무집이다.

통나무집(Log House)이란 '건물을 지탱해 주는 구조체가 통나무로 된 주택'을 말한다. 자연 그대로의 원목 형태를 살려 최소한의 부분만을 가공하여 포개어 쌓아 올리는 형식의 집으로 육중한 멋을 내어 장엄하면서도 아늑한 분위기를 연출할 수 있다. 통나무집은 인류의 탄생과 함께 해 온 나무를 사용한다. 거기에 원목 형태 그대로인 통나무를 사용한다는 점에서 최고의 선택이 될 수 있다. 나무의 원형을 지닌 통나무집에서 원시성을 느끼기도 하고 반대로 문화를 느끼기도 한다. 문화를 이야기하려면 통나무집을 선택하라. 통나무가 주는 위안이 커서 마음이 푸근하고 넉넉해진다. 통나무집에 들어서는 순간 따뜻함을 느끼게 된다. 문화는 딱딱한 콘크리트가 아니라 부드러운 목재의 맨살에서 오는 감성에서 탄생한다.

1. 정원의 초록과 줄지어 선 나무가 점령한 곳에 당연히 내 자리인 듯 자연스럽게 자리 잡았다.
2. 원시적인 원형을 그대로 유지하고 있는 수공식 통나무집이다. 삼각과 사각의 구조가 경사진 대지와 잘 어울린다.

1

2

1. 통나무를 일률적으로 가공한 D형 통나무집으로 모두 조적(notch) 방식으로 지었다.
2. 문화가 있는 통나무집이 미적 감각을 두루 갖추고 생활에 편리한 모던한 형태로 바뀌었다.

2. 통나무집의 특징

통나무집 하면 원시적이고 거칠 것이라는 선입견을 갖을 수
있다. 하지만 그 반대다. 정교한 기술로 지어진 자연과 문화가
공존하는 집이 통나무집이다. 우선 미관이 아름답고 나무의
결과 향이 그대로 살아있는 집임을 확인할 수 있다. 산에 핀
꽃과 도심의 꽃이 다르지 않듯이 원초적인 아름다움을 지닌
통나무집은 숲이든 도심이든 어디에 지어도 잘 어울린다. 자
연을 품어 아름답지 않은 것은 드물다. 자연을 품은 통나무집
이야말로 자연의 일부로 자연과 함께 숨 쉬고, 그 속에 문화를
담고, 편리함을 더해 사람을 편안하고 건강하게 해주는 아름
답고 유익한 집이다.

1

2

3

1. 구조의 자연스러움과 견고함에다 지붕은 이미 그 기능과 실용성이 검증된 2×4공법을 사용하였다.
2. 통나무집에서는 지붕 공간 활용을 위한 박공지붕 형태를 주로 사용하는 데, 이 지붕구조에 많이 사용하는 포스트앤퍼린(기둥과 중도리/post & purlin) 방식이다.
3. 자연 그대로의 원목 형태를 살리고 엔진톱으로 최소한의 부분만을 가공한다.

1   2

1) 살아 숨 쉬는 집이다

통나무집이 숨 쉬는 집이란 것은 실내에 들어서는 순간 알게 된다. 우리 눈에는 보이지 않지만, 나무가 호흡한다는 것을 나무 향을 통해 쉽게 확인할 수 있다. 나무마다 다른 향을 가지고 있어 선택할 수도 있다. 나무가 가진 천연향은 인공적인 향수와는 사뭇 다르고 자연스럽고 부작용이 없어 건강에 유익하다. 아침에 통나무집에서 자고 나면 몸이 개운한 것을 알게 된다. 통나무집에 살면 요리하면서 나는 냄새나 담배 냄새가 빨리 사라지고 장마철에도 불쾌한 냄새가 없다. 나무가 냄새들을 흡수하고 중화시키기 때문이다.

2) 습도조절 능력이 뛰어나다

나무는 호흡하므로 습도조절 능력이 뛰어나다. 나무가 겨울을 나기 위해 가을에 잎을 통해 내부의 수분을 발산하고, 봄에 다시 물기가 오르는 현상으로 알 수 있다. 평균 30cm 지름에 길이가 11m인 원목의 경우 한 봉의 최대 수분 조절량은 약 300kg 정도 된다. 25평 통나무집이 원목을 50봉 정도 사용한다고 보면 이론상 약 15톤의 수분을 조절할 수 있다. 놀라운 양이다. 건조한 겨울에는 수분을 뿜어내어 습도를 유지해주고, 다습한 장마철에는 내부의 수분을 흡수하여 실내가 습하지 않게 조절해준다. 모자라지 않고 넘치지도 않게 사람이 생활할 수 있는 적당한 습도를 유지해준다.

3   4

1,2. 통나무집에는 가공이 쉽고 강도가 높은 침엽수를 주로 사용한다.
3. 비스듬한 지붕선을 따라 천장을 살리고 통창을 두어 채광과 통풍, 전망 등 여러 기능을 두루 갖춘 살아 숨 쉬는 통나무집의 내부이다.
4. 살아 숨 쉬는 통나무집은 습도조절 능력과 단열효과가 뛰어나 건강에 좋고 쾌적한 실내환경을 유지해 준다.

3) 단열성이 높다

나무의 섬유세포가 공기를 다량으로 함유하고 있어 콘크리트의 6배 정도 되는 높은 단열효과를 가진 것도 통나무집을 건강하고 쾌적한 집으로 만드는 중요한 요소다. 나무의 열전도는 수심을 통해서만 전달되기 때문에 원목이 가지는 두께만큼의 단열성을 확보할 수 있다. 단열효과로 한겨울에도 차갑지 않고 한여름에도 뜨겁게 달궈지지 않는다. 서서히 달궈지고 서서히 차가워진다.

이 외에도 통나무집은 피부병이 있는 사람들이 생활하면 면역력을 키워주고 치료 효과도 높일 수 있다. 통나무집은 지진과 태풍 같은 자연재해에 강한 연구조공법을 사용한다. 부재 하나하나가 물리적으로 분리되어 있어 지진 등의 진동을 모두 흡수할 수 있는 구조다. 일본의 고베 대지진 때 24만여 채의 주택들이 파괴되었지만, 피해지역의 통나무집들은 안전했다.

4) 살아있는 집이어서 사람의 손을 기다린다

통나무집은 살아 있는 건축물이기 때문에 건축 후에도 지속해서 유지와 관리를 하지 않으면 급격히 노화되어간다. 통나무집의 수명은 통나무 자체의 수명보다는 구조와 유지보수에 의해 결정된다.

통나무집이 가지는 단점은 나무라는 자연소재이기 때문에 일어난다. 일단 벌레들이 많이 모여드는 걸 들 수 있다. 사람이 살기 좋은 환경은 벌레들도 좋아하는 환경이다. 사람이 살기 좋은 집이면 동물들도 살기 좋은 집이다. 원목은 음을 잘 전달하고, 조적된 통나무 벽체의 요철은 음향을 불규칙적으로 확산시키기 때문에 통나무집은 음향효과가 뛰어난 건축물이다. 하지만, 일상생활에서는 생활소음이 잘 울리는 단점으로 나타나기도 하므로 바닥에 카펫이나 차음재를 설치하는 것이 필요하다. 일반적으로 통나무집은 불에 잘 타지 않아 안전하다고 하지만, 통나무는 불연 재료로 인정받지 못하고 있고 건축법에 의해 3층 이상 건축할 수 없다.

통나무집의 수명은 일률적으로 정의할 수는 없다. 잘 지어진 통나무집은 오랫동안 사람이 거주할 수 있다. 하지만, 주인의 손을 기다린다는 점이다. 살아있는 집이어서 사람의 손을 기다린다고 보면 된다. 통나무집의 수명을 유지하기 위해서는 건축 당시부터 보존을 예상하고 비와 햇빛으로부터 보호받는 구조와 습기가 차지 않고 환기가 잘 되는 구조로 만들어야 한다.

1

2

1,2. 눈이 내리는 날 저녁, 통나무집에 켜진 불빛은 따뜻한 온기를 느끼게 하며 사람의 감성을 자극하기에 충분하다.

3. 통나무집의 분류

통나무집은 작업 방법에 따라 기계식과 수공식으로 나눌 수 있고 수공식은 다시 구조에 따라 조적(notch) 방식과 목구조(post&beam) 방식으로 나눈다. 그 외에 이들을 응용한 형태인 혼합구조(combination)방식으로 분류한다.

1) 기계식 통나무집

기계식은 제재기로 통나무를 일률적으로 가공해 통나무집을 짓는 방법이다. 원목의 가공 형태에 따라 크게 원형, 사각형, D형, 라미네이터형 등으로 나눈다.

1.원형

2.사각형

3.D형

4.라미네이트형

원형

사각형

D형

라미네이터형

라미네이터 상세

2) 수공식 통나무집

수공식은 제재기를 사용하지 않고 간단한 수공구를 이용해 원목의 껍질을 벗기는 작업에서 가공까지 수작업으로 하는 것을 말한다. 이 방식은 캐나다에서 발전했기에 캐나디안 로그 하우스(Canadian log house)라고도 한다. 수공식은 통나무를 수평으로 쌓아 벽체를 구성하는 조적(notch) 방식과 우리나라 전통 한옥의 목구조 집과 같이 주요 구조체만 통나무로 만드는 목구조(post&beam) 방식이 있으며, 이 두 가지를 혼합한 혼합구조(combination) 방식과 피스앤피스(piece&piece) 방식 등으로 나눌 수 있다.

(1) 조적(notch) 방식

통나무를 수평으로 교차시켜 교차하는 부분은 노치로 가공하고, 상하 통나무가 접합하는 부분에는 그루브로 가공해 벽체를 구성하는 방법이다. 모든 벽체를 통나무로 구성하기 때문에 통나무의 장점을 최대한 활용할 수 있다. 통나무집이라고 하면 가장 먼저 떠오르는 대표적인 방식이다.

(2) 목구조(post&beam) 방식

적은 수의 통나무로도 구조체를 만들 수 있고, 조적 방식보다 공간구성이 자유롭다. 통나무가 주는 실내의 압박감이 덜하고 다양한 마감 자재로 최대한 개성을 표현할 수 있다.

(3) 혼합구조(combination) 방식

혼합구조 방식은 통나무 벽체를 조적 방식으로 몇 단 쌓은 뒤, 그 위에 목구조 방식의 통나무집을 만드는 수직적 의미의 혼합구조, 조적 방식과 목구조 방식을 수평적으로 결합한 혼합구조가 있다. 수평적 의미의 혼합구조는 조적 방식의 통나무집이 지닌 규모의 한계를 극복하려는 방법이다. 조적 방식의 웅장함과 통나무 목구조 방식의 간결함을 함께 표현하고 싶을 때 많이 사용한다.

4. 통나무집의 구조와 각 부 명칭

통나무집은 북미지역에서 발달하여 보급된 건축양식이기 때문에 생소한 명칭들이 많지만, 몇 가지 기본적인 용어만 익숙해지면 충분히 이해할 수 있다.

1) 목구조 방식

- **실로그(토대·sill log)** 기초 위에 설치하는 통나무 부재. 기초에 앵커볼트를 설치해 실로그와 기초를 연결한다.
- **기둥(post)** 전체 구조체를 지탱하는 수직 부재.
- **보(beam)** 2층이나 지붕을 지탱하고자 설치하는 수평 부재.
- **인방(bridge)** 기둥과 기둥 사이에 설치하는 부재.
- **중도리(purlin)** 지붕 구조체 중 주도리와 평행하게 설치해 서까래를 받치는 부재.
- **처마돌림(fascia)** 처마 끝에서 서까래 끝을 감추기 위해 댄 가로판.

목구조 방식의 장단점

장점		단점
• 자연 소재를 다양하게 사용할 수 있다. • 밝은 분위기를 만들 수 있다. • 건축 장소에 제한이 덜하다. • 다양한 디자인이 가능하다. • 공간 분배가 자유롭다. • 유지보수가 쉽다.	• 실내의 압박감이 없다. • 개구부를 넓게 만들 수 있다. • 가구 배치에 문제가 없다. • 수축에 대한 염려가 적다. • 한옥식으로 꾸미기 쉽다.	• 통나무집의 웅장함은 다소 떨어진다.

2) 조적 방식

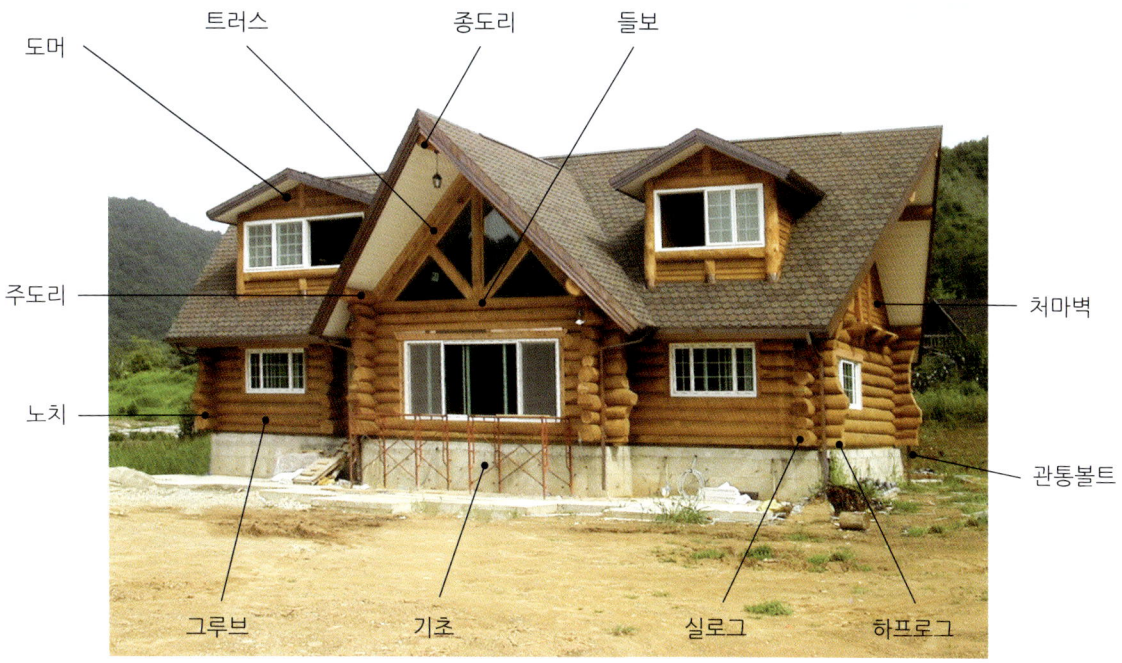

도머   트러스   종도리   들보

주도리   처마벽

노치

그루브   기초   실로그   하프로그   관통볼트

- **기초** 본체를 지탱하는 콘크리트 구조물.
- **하프로그(half log)** 통나무를 반으로 절단한 것을 말한다. 이 하프로그를 기초로 통나무가 반 단씩 교차해 쌓인다.
- **실로그(sill log)** 하프로그에 교차해서 놓이는 최하단의 통나무. 하프로그와 실로그로 첫째 단이 구성된다.
- **처마벽(박공널)** 건물 측면의 경사진 지붕 옆면.
- **들보(cross beam)** 기둥과 기둥 사이에 걸려서 지붕의 하중을 지탱하는 부재.
- **도머(dormer)** 지붕에 설치된 돌출창.
- **관통볼트(through bolt)** 통나무 벽체를 일체화시키고자 하프로그에서 주도리까지 연결한 볼트.
- **주도리(plate log)** 벽체 중심선에 놓이면서 지붕을 구성하는 부재.
- **종도리(ridge pole, 용마루)** 지붕의 가장 위에 설치해 서까래를 받치는 부재.
- **트러스** 지붕을 지탱하는 삼각형의 구조체. 형태에 따라 다양한 명칭으로 불린다.

조적 방식의 장단점

장점	단점
• 구조적으로 강하다. • 적절히 시공하면 단열성이 높아진다. • 자연산 통나무의 힘을 충분히 표현할 수 있다. • 습도조절 능력이 뛰어나다. • 재생 가능한 건축 방법이다. • 음향 효과가 뛰어나다.	• 제대로 시공하지 못하면 단열성이 떨어진다. • 건축 장소에 제한이 있다. • 설계상의 제약이 많다 • 벽체가 침하되는 문제가 있다. • 가구를 놓기가 불편하다.

5. 통나무집에 사용하는 나무

통나무 작업의 효율성은 원목의 선별과 구매에 의해 좌우되므로 몇 가지 기본적인 원칙을 숙지한 뒤, 원목을 사야 원활한 작업을 할 수 있다. 통나무집에는 보통 가공이 쉽고 비중보다 강도가 높은 침엽수를 사용한다.

1) 더글러스 퍼(Douglas fir)

북미산 통나무의 대표적인 수종이다. 캐나다에서 워싱턴주, 오리건주에 이르는 태평양 연안의 구릉지에 군생한다. 높이는 40~80m 정도로 지름은 60~180cm까지 성장한다. 겉껍질은 짙은 갈색이고 심재와 변재의 경계가 분명하며, 심재는 적갈색, 변재는 담황색을 띤다. 유통량이 많아 통나무집용으로 적합하며 구하기 쉽다.

2) 헴록(Western hemlock)

알래스카 동남부에서 캘리포니아 북서부의 태평양 연안과 캐나다 동남부, 아이다호 북부의 산악지대에 군생한다. 진한 황백색이고 심재와 변재의 경계가 불분명하다. 나뭇결은 곧고 연질이라 가공성은 뛰어나지만, 건조 시에 쉽게 갈라지고 부패가 잘된다. 수분에 약하고 흰개미의 피해를 보기 쉬우므로 사용 시 충분한 주의가 필요하다.

3) 라디에타 파인(Radiata pine)

원산지는 미국 캘리포니아지만 오스트레일리아와 뉴질랜드, 칠레에 인공 조림되어 있다. 뉴질랜드에 조림한 나무를 뉴송이라 하고 칠레에 조림한 나무는 칠레송이라고 한다. 심재는 진한 황갈색이고 변재는 황백색이다. 심재부가 적으며 심재 쪽의 강도가 약하다. 나이테가 크고 결은 곧다. 가벼워 건조와 가공성은 좋지만, 내구성이 떨어진다. 속성수로 잘 갈라지지 않지만, 균에 의해 나무 색이 변하거나 곰팡이가 잘 발생한다.

1

2

3

4

1,2. 북미산 통나무의 대표적인 수종인 더글러스 퍼. 국내에서 사용하는 목재 중 가장 적합한 수종이다.
3. 태평양 연안과 캐나다 동남부. 아이다호 산악지대에 군생하는 헴록. 가공은 쉽지만, 내구성이 떨어진다.
4. 오스트레일리아와 뉴질랜드, 칠레에 인공 조림되고 있는 라디에타 파인. 건조와 가공성은 좋지만 내구성이 떨어진다.

6. 작업장의 준비

건축현장이 협소해 현장에서 바로 통나무 가공작업을 할 수 없을 때나 엔진톱의 소음으로 인해 민원 발생의 소지가 있는 때는 별도의 작업장을 준비한다.

1) 작업장의 배치

전체적인 동선을 고려해 효과적으로 작업장을 배치한다. 우선 원목을 원활하게 이동시킬 수 있어야 하며, 가기초의 위치, 원목 야적장의 위치, 크레인이나 포클레인을 움직일 수 있는 공간, 엔진톱 작업을 하는 공간, 휴식 공간 등을 고려해 작업장을 배치한다.

1. 원목이 도착하면 지게차로 작업대 위에 원목을 내린다.
   작업대는 40~50cm 정도 되는 짧은 통나무를 놓고 그 위에 필요한 간격으로 통나무를 두 개 놓는다.
2. 전기는 임시로 설치해 사용하고 누전이 되지 않도록 관리한다.
   전기는 3~5kw 정도를 확보하고, 전기를 사용할 수 없는 곳은 발전기를 사용한다.

1

2

2) 안전한 작업을 위해

통나무 작업은 각종 전동공구를 다루기 때문에 특별히 안전에 유의해야 한다. 마감 작업은 높은 장소에서 하는 작업이 많기에 안전에 특히 주의해야 한다.

신발은 항시 안전화를 착용하도록 한다. 필요한 경우 엔진톱이 닿아도 상처를 입지 않는 안전복과 안전모를 착용한다.

TIP 01 용도에 따른 목재의 선택

주거용 건축재료로는 내구성이 뛰어난 더글러스 퍼가 가장 적합하고, 헴록과 라디에타 파인은 작은 소품이나 연습용으로 사용하는 것이 좋다.

1

2

1. 현장에는 항상 구급약을 비치한다. 바늘, 집게, 핀셋, 소독약, 연고, 일회용 반창고, 멸균 거즈. 압박 붕대 등을 준비한다.
2. 골조가 조립되면 안전한 작업을 위해 작업 발판을 설치하고 작업한다.

7. 통나무 가공 공구의 종류

공구를 산 후에는 반드시 사용설명서를 읽은 뒤 사용한다. 전동으로 작동되는 기계들은 잘못 사용했을 경우 치명적인 상처를 입을 수 있다. 사용설명서에 지시된 대로 안전조항을 잘 지켜 미리 사고를 예방한다. 날이 있어 연마가 필요한 공구는 제때에 날을 갈아 최적의 조건에서 사용할 수 있도록 정비해 두는 것이 사고를 막는 방법이다.

엔진톱

통나무를 가공하는데 가장 많이 사용하는 도구로 내구성이 뛰어난 제품이 좋다. 스웨덴의 허스크바나와 독일의 스틸사 제품을 많이 쓴다.

스크라이버

조적 방식의 통나무 가공에 많이 쓰이는 공구다. 받을장의 모양을 그대로 엎을장에 옮겨 그리는 도구로 연필이나 사인펜을 끼워 쓴다.

그라인더

통나무 표면을 깨끗하게 정리할 때 쓴다. 사포를 장착해 사용하며, 7인치와 3인치 두 가지를 준비한다.

평면대패

통나무의 단면을 평면으로 만들 때 쓴다. 5인치짜리를 쓰며 날이나 벨트에 옷이나, 전깃줄이 끼지 않도록 한다.

곡면대패

원목의 속껍질을 벗기거나 곡면으로 다듬을 때 쓴다. 사용법은 평면대패와 같고 100V용 감압 트랜스가 필요하다.

드릴

좌우로 회전 방향이 전환되고 해머 드릴 기능이 있는 것을 쓴다. 통나무를 30cm 이상 뚫을 수 있는 제품이 좋다.

송풍기

벽체 작업 시 통나무에 쌓인 톱밥을 청소할 때나 장부 구멍 속의 나무토막을 빼낼 때 사용한다.

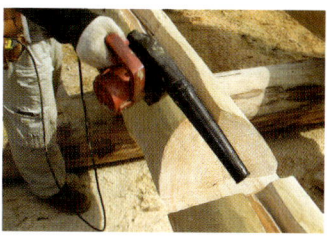

수평계와 직각자

수평과 수직을 측정하는 공구로 통나무에 먹매김을 할 때나 기둥의 수직과 수평을 맞출 때 쓴다.

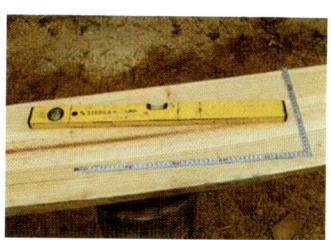

먹줄과 초크라인

긴 선이나 곡면에 직선을 그릴 때 사용한다. 먹줄과 분필가루를 사용하는 초크라인도 함께 준비하면 좋다.

줄자

작업 시에는 7.5m와 30m 줄자를 쓴다. 7.5m 줄자는 공구주머니에 넣고 사용하고, 30m 줄자는 기초작업 시 사용한다.

끌과 망치

나무의 섬유질 조직을 끊을 때나 노치와 그루브, 장부 암놈을 정리할 때 쓴다. 망치는 면이 평탄한 것이 좋다.

로그 독

벽체 작업 시 제자리에서 통나무를 돌리거나 통나무가 구르지 않게 하는 T자형 철물이다.

꺾쇠

통나무가 움직이지 않도록 고정할 때 사용한다. 40cm 정도의 대형 꺾쇠가 좋고 여유 있게 여러 개를 준비한다.

피비(장사)

지렛대의 원리를 이용해 통나무를 돌리거나 위치를 이동시킬 때 사용하는 도구다.

도끼

엔진톱을 사용하기 전에는 도끼를 이용해 통나무집을 지었다. 노치나 그루브의 정리 시 사용하며 날이 얇은 것이 좋다.

필링나이프

통나무의 껍질을 벗길 때 사용하는 칼로 캐나다 제품보다 전통공구인 껍질 벗기는 도구인 미는끌이나 깎낫이 더욱 좋다.

도비

크레인이나 포클레인과 같은 중장비로 통나무를 운반할 때 통나무를 집어 주는 도구다.

나무망치

통나무의 위치를 수정하거나 망치 자국을 남기지 않고 완전하게 결합할 때 사용한다.

물수평

들보의 수평점, 먼 거리의 수평점을 찾을 때 쓴다. 투명한 비닐 호스에 공기가 들어가지 않도록 물을 주입해 쓴다.

귀마개

엔진톱의 소음은 100 dB를 넘는다. 그 때문에 방음용 귀마개를 하지 않지 않으면 소음성 난청이 될 수 있다.

공구주머니

기본적으로 자주 사용하는 도구들은 공구주머니에 담아 몸에 차고 다녀야 효율적으로 작업을 진행할 수 있다.

타카

타카는 목재나 자재를 고정하는 데 효율적이다. 고무호스로 타카와 콤푸레샤를 연결하여 공기의 압력으로 작동시키는 구조이다.

TIP 02 중장비의 준비

포클레인의 경우 적합한 규격은 06(용량 0.6㎥/버킷)정도며, 카고 크레인의 경우는 5톤 트럭에 6단붐 정도가 적당하다. 두 장비는 서로 장단점을 가지고 있는데 포클레인은 이동이 쉽지만, 섬세한 작업이 힘들고, 카고 크레인은 이동은 번거롭지만 섬세한 작업이 가능하다. 규모가 작은 건물일 경우 지게차로도 가능하지만, 지면이 고르고 단단하지 않으면 사용이 힘들다. 포클레인의 경우 중기 면허가 필요하고, 카고 크레인은 일반 운전면허만 있으면 된다. 필요할 때마다 일일 단위로 임대해서 사용하거나 중고를 구매한다.

8. 엔진톱 사용법

통나무 작업 중 가장 많은 역할을 하는 엔진톱에 대해 완전히 숙지하고 있어야만 원활한 작업이 가능하다. 유용한 장비이지만 위험한 만큼 늘 안전에 유의해야 한다.

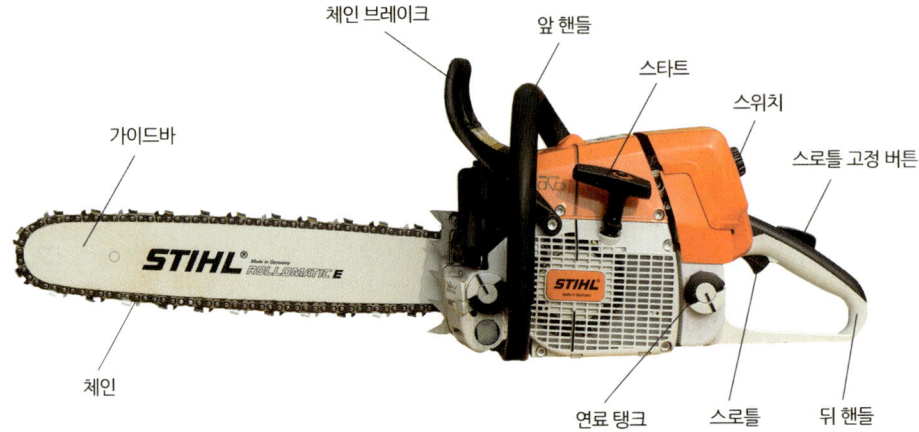

1) 엔진톱의 규격

엔진톱은 스웨덴의 허스크바나사 제품을 많이 사용한다. 엔진톱의 규격은 배기량으로 표시한다. 허스크바나의 경우 앞에 붙은 숫자는 개발된 순서이고 뒤의 두 자리는 배기량을 나타낸다. 통나무 가공작업에는 357XP에 18인치 바를 장착하고, 톱날은 30 규격을 사용한다.

2) 연료의 준비

엔진톱은 전용 엔진오일이 혼합된 휘발유를 사용한다. 엔진오일의 혼합비는 제품에 따라 조금씩 다를 수 있기에 반드시 혼합비율을 확인한 후 혼합한다.

체인 오일, 전용 연료통, 휘발유, 엔진오일을 준비한다.
체인 오일은 일반 윤활유를 사용하고 엔진오일은 엔진톱 전용 오일을 사용한다.

1

2

3

4

1. 엔진오일이 혼합되지 않은 연료를 사용할 경우 순간적으로 실린더가 타버린다.
   규정대로 휘발유에 엔진오일을 혼합하고 잘 흔들어 섞는다.
2. 엔진오일을 혼합한 휘발유를 엔진톱 전용 연료통에 옮겨 놓는다.
   작은 체인 오일통에는 체인 오일용 윤활유를 채운다.
3. 엔진톱에 연료를 보충한다. 연료 탱크에 체인 오일을 잘못 넣었을 경우는 연료탱크를 비우고
   휘발유를 조금 넣고 내부를 씻어 오일을 제거한 후 휘발유를 채운다.
4. 체인 오일도 휘발유 보충 시에 같이 보충한다.
   체인 오일은 가이드 바와 체인 사이의 윤활 작용을 한다.

3) 엔진톱 시동법

① 시동을 걸기 전에 연료탱크와 오일탱크에 혼합 휘발유와 체인 오일을 가득 채운다.

② 엔진톱이 흔들리지 않게 엔진톱을 평평한 지면에 놓고 오른발을 뒤 핸들 속에 넣어 핸들 부분을 밟는다.

③ 먼저 체인 브레이크가 풀려 있는지 확인한다.

④ 스위치를 ON에 놓고 최대한 초크 레버를 당긴다.

⑤ 실린더에 감압밸브 스위치가 있는 기종은 감압밸브를 누른다.

⑥ 왼손으로 앞 핸들을 꽉 잡은 상태에서 펑 하는 폭발음이 일어날 때까지 여러 번 시동줄을 강하게 당긴다.

⑦ 폭발음이 들리면 초크레버를 원상태로 돌린 다음 스타트의 시동줄을 당기면 시동이 걸린다.

⑧ 이때는 체인이 자동으로 회전하기 때문에 시동을 걸 때는 체인에 전깃줄이나 기타 이물질이 닿지 않는 안전한 장소에서 한다.
   시동이 걸린 후에 액셀러레이터를 살짝 당겼다가 놓으면 공회전(idling) 상태를 유지하게 된다.

⑨ 정지할 때는 스위치를 Off에 놓으면 된다.

⑩ 한 번 시동이 걸린 후 재시동을 할 때는 초크레버를 당기지 않고 스위치만 켠 상태에서 시동줄을 당기면 시동이 걸린다.

엔진톱에 시동을 거는 방법은 처음 시동 거는 방법과 사용 중에 재시동을 거는 방법이 있으며 시동법이 약간 다르다.

엔진톱을 재시동 할 때 서서 뒤 핸들을 두 무릎에 끼고 줄을 당겨 간편하게 시동을 걸 수 있다.

4) 엔진톱 길들이기

처음 엔진톱을 샀을 때는 엔진톱에 연료를 주입하고, 엔진오일을 조금 더 첨가해 시동을 걸어 공회전을 시킨다. 엔진톱에 있는 연료가 모두 연소할 때까지 공회전 상태로 가만히 놓아두어 실린더 길들이기를 한다. 엔진톱 길들이기를 하지 않고 바로 엔진톱을 사용하면 엔진에 무리가 가 현저하게 내구성이 떨어진다.

5) 엔진톱의 정비

엔진톱을 이용한 통나무 가공작업은 장시간에 걸쳐 이루어지므로 엔진톱에 상당히 무리가 간다. 엔진톱이 언제나 정상적인 상태를 유지하기 위해서는 정기적인 점검과 손질이 필요하다.

1

2

3

1. 가이드바 사이에 끼어 있는 이물질을 제거하고 스프라켓에도 그리스를 주입한다.
2. 엔진톱을 분해해 송풍기로 내부의 톱밥을 없앤다. 실린더와 공기 유입구에 있는 톱밥은 완전히 제거한다.
   체인이 걸리는 기어 부분은 1주일에 1회 그리스를 주입한다.
3. 에어필터가 지저분하면 휘발유로 깨끗이 청소한다. 엔진톱의 정비 요령은 톱을 살 때 첨부된 사용설명서를 참조한다.

6) 톱날 날갈이

엔진톱의 성능은 톱날의 날갈이에 달려 있다. 정확한 날갈이는 작업능률의 향상과 안전한 작업을 위한 필수조건이다.

1

2

1. 톱날을 갈 때는 전용 게이지를 사용해 날이 갈리는 방향으로 힘을 주면서 가볍게 2~3회 밀어준다. 톱날의 규격이 30이면 줄은 4.8mm를 쓴다.
2. 날을 갈 때는 바 바이스로 톱판을 고정하고 날을 갈면 편리하다. 매직으로 시작점을 표시해 두면 나중에 쉽게 확인할 수 있다. 다 갈았으면 반대편도 갈아 준다.
3. 날을 갈아도 잘 들지 않으면 톱날이 한 번에 팔 수 있는 깊이인 뎁스를 확인한다. 뎁스에 뎁스게이지를 대고 튀어나온 부분이 있으면 평줄로 모두 갈아 준다.

3

7) 보조 스파이크

엔진톱을 살 때는 외부에 장착하는 보조 스파이크도 함께 사 착한다. 통나무 가공작업에서는 보조 스파이크가 유용하게 사용된다.

8) 속도 조정

엔진톱에 있는 조절나사 중 T는 공회전 조절나사로 시동이 걸린 상태에서 체인의 회전을 조절한다. 왼쪽으로 돌리면 공회전 상태에서 회전이 멈춘다. L(저속 조정)과 H(고속 조정)는 전문가가 아니면 손대지 않도록 한다.

9) 체인 오일 조정

체인 오일의 양은 하단부에 있는 체인 오일조절 나사로 조절한다. 양의 확인은 엔진톱을 공회전해 엔진톱 바의 앞부분에 분사되는 오일의 양으로 파악한다.

9. 통나무의 필링과 샌딩

통나무 작업에 들어가기 전에 통나무의 껍질을 벗기는 필링작업과 곱게 가는 샌딩작업을 해 두어야 한다. 외피를 제거하지 않고 통나무를 사용하면 벌레로 인한 피해를 보기 쉽고 외관도 지저분하다.

1

2

3

4

5

1. 작업하기 좋은 높이의 작업대에 통나무를 올려놓는다. 허리에 무리가 가는 높이의 작업대는 작업의 효율을 떨어뜨리고 부상의 위험도 높다.
   필링과 샌딩은 장시간에 걸친 작업이기에 편안한 작업대가 필수다.
2. 겉껍질을 벗기는 필링작업을 하면서 원목에 난 상처나 옹이를 엔진톱으로 정리한다. 이때 사용하는 체인을 거칠게 사용해도 되는 것으로 준비한다.
3. 필링이 끝난 통나무는 곡면대패로 밀거나 그라인더로 샌딩한다.
   곡면대패로 밀면 표면은 거칠지만, 비흘림이 좋다. 곡면대패로 민 후, 샌딩을 하기도 한다.
4. 샌딩기는 7인치 그라인더에 플라스틱판을 붙이고 샌드페이퍼를 장착해 사용하며 샌딩만 한다면 60번짜리를 사용한다.
5. 정리가 끝난 통나무는 뿌리 쪽인 원구와 가지 쪽인 말구의 지름과 길이를 측정해 두면 통나무 선별 때 도움이 된다. 양이 많을 때는 리스트를 작성한다.

10. 엔진톱을 이용한 절단 기술

엔진톱으로 통나무를 절단하는 기법은 통나무 작업에서 많이 사용하는 유용한 기술이다. 이 기법을 익혀 두면 한옥이나 팀버프레임 등 다양한 공법에 응용할 수 있다.

1) 통나무 절단법

원목의 설단은 통나무집을 작업하는 동안 지속해서 이루어지는 작업이다. 비교적 단순한 작업이면서도 원칙을 어기면 원목 사이에 톱날이 끼여 빠지지 않는 곤란한 상황이 발생할 수도 한다. 기본 절단법을 잘 익혀 원목을 절단할 때에 정확하게 사용토록 한다.

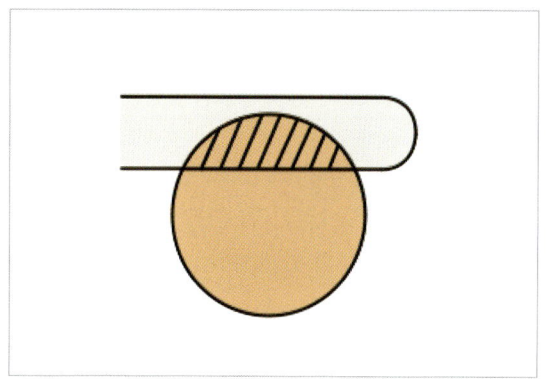

1

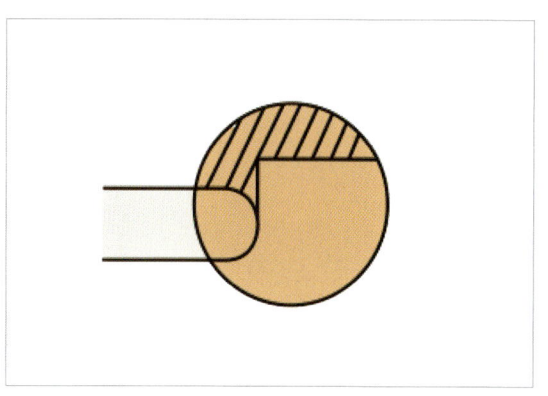

2

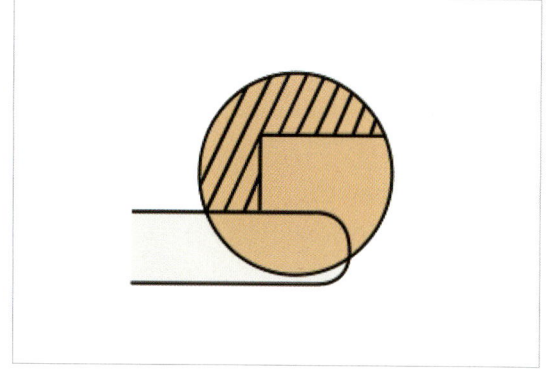

3

1. 톱판의 폭 정도로 하여 수평으로 절단한다.
2. 엔진톱을 앞으로 당겨서 수평으로 내린다.
3. 3분의 2 정도 자른 다음 앞으로 톱바를 찔러 넣는다.

1~3번까지 기본 절단을 시행한 후에 절단하는 위치에 따라서 그림 A와 B, C처럼 진행한다.

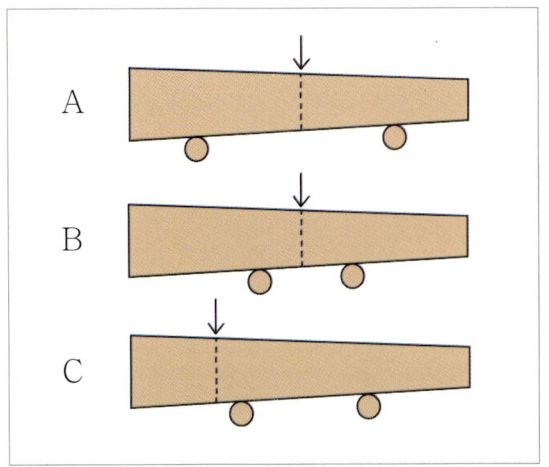

그림 A의 경우는 톱날을 아래에서 위로 올리고

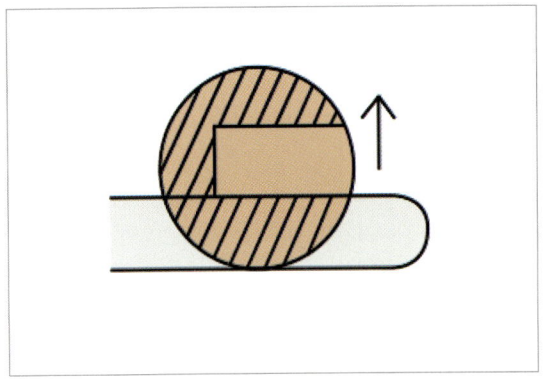

그림 B, C의 경우는 톱날을 위에서 아래로 내린다.

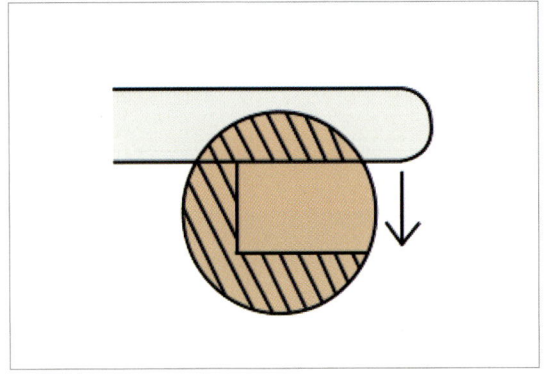

엔진톱의 날이 지나가면 1cm 정도의 절단 틈이 생긴다. A의 경우 위에서 아래로 톱날을 움직이면 톱날이 지나가며 생긴 공간으로 원목이 움직이면서 톱판을 눌러 원목 사이에 톱판이 끼게 된다. C의 경우는 처음부터 위에서 아래쪽으로 절단하면 원목의 무게로 인해 하단부가 부서지게 된다. 일반적으로 기본 절단을 한 후에 위나 아래쪽으로 톱날을 넣어 절단하면서 톱날로 인해 생긴 폭이 넓어지는지 좁아지는지 살펴보면서 원목의 움직임을 예상한다. 이 움직임에 따라 톱날이 원목에 끼지 않는 방향으로 톱날을 움직여야 한다.

2) 평면 절단(flat cut) 기법

둥근 원목을 평면으로 가공하는 평면 절단 기법은 통나무를 반으로 자르는 하프로그, 3/4으로 자르는 실로그 등 통나무 가공작업의 가장 기본이며 모든 작업에 응용되는 기법이다.

1

2

3

4

5

6

7

1. 작업할 통나무를 작업대 위에 방향을 맞추어 고정한다. 단면을 먹매김 하기 좋도록 평탄하게 만들어 놓는다.
2. 부재의 단면에 정해진 치수로 먹매김 한다. 먹매김에 따라 하프로그나 실로그, 토대, 보 등을 만들 수 있다.
3. 끌이나 칼로 먹줄이 미끄러지지 않게 틈을 만든다. 이 틈에 먹줄을 걸지 않으면 엉뚱한 곳에 먹줄이 쳐질 수 있다.
4. 원목 상태가 지저분해 먹물이 보이지 않을 것 같으면 임시로 먹줄을 치고 샌딩기나 곡면대패로 깨끗이 만들어 둔다.
5. 대충 수직이 되게 원목을 고정한 후 먹줄을 친다. 먹줄과 먹매김을 연장한 기준판이 일직선이 되는 곳에 먹을 놓는다.
6. 움직이지 않게 통나무를 고정한 후, 먹줄에서 5mm 정도 위로 평면 절단을 한다. 사선으로 비스듬히 톱을 넣는다.
7. 톱날이 어느 정도 들어가면 스파이크를 나무에 박는다.

1

2

3

4

5

6

1. 스파이크를 기점으로 반원을 그리듯 톱날을 움직인다. 엔진톱의 뒤 커버를 몸으로 밀어 절단한다.
2. 자기 앞쪽을 절단한다. 톱날이 절단선을 벗어나지 않도록 하고 날이 나무속으로 들어가거나 뒤로 움직이지 않게 한다.
3. 절단이 끝난 통나무는 대패질할 수 있도록 엔진톱의 톱판을 세워 면을 평평하게 해 주는 브러싱 작업을 한다.
4. 먹선에서 2mm 정도를 남기고 브러싱한다. 좌우로 바를 움직여 앞쪽을 브러싱하고 끝나면 나머지 부분을 작업한다.
5. 톱날을 눕혀서 윗날로 가운데 남아 있는 부분을 제거한다. 어느 정도 경험이 붙으면 이 작업을 생략할 수도 있다
6. 평면대패로 먹선 두께의 반까지 대패질한다. 항시 전체가 평면이 되는지 확인하면서 대패질한다.

11. 통나무 가공기법

1) 그루브(groove)의 가공

그루브는 통나무와 통나무가 길이로 만나는 벽체 부분에 가공하는 홈이다. 그루브로 인해 통나무는 안정적으로 놓이며, 그루브 내의 단열재는 벽체의 단열재 역할을 한다. 그루브는 여러 형태가 있지만 보통 래터럴그루브와 U그루브를 많이 쓴다.

1

2

3

1. **래터럴그루브** 통나무 단면이 노출되지 않는 개구부 같은 곳에 사용한다.
2. **U그루브** 그루브가 노출되는 로그 엔드나 창호가 들어가지 않는 개구부, 디자인 커트 부분에 사용한다.
3. **U그루브** 오랜시간이 지나 U그루브가 안정되게 자리를 잡았다.

---

(1) 래터럴그루브의 가공

통나무 단면이 노출되지 않는 개구부 같은 곳에 사용하는
래터럴그루브는 그림과 같은 순서로 가공한다.

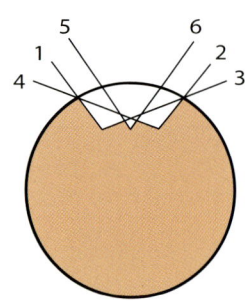

1. 1번, 2번은 스크라이빙 선을 따라 안쪽으로 진행한다. 3번, 4번은 반대쪽 절단 선의 하단을 향해 바를 넣어 절단선이 서로 겹치도록 해 토막을 제거한다.
2. 여기까지 작업하면 W 그루브이다. W 그루브는 가운데 남은 부분이 받을장 에 닿기에 5번, 6번 작업으로 이 부분을 제거한다.
3. 노치 쪽의 그루브가 꺾이는 곳까지 스카프가 놓이기에 박스 그루브 형태로 조금 더 깊이 파주고 각도도 더 세워 줘야 받을장 스카프에 닿지 않는다.

1

3

(2) U 그루브의 가공

단면에 스크라이빙한 선보다 10mm 정도 위쪽에 새로운 선을 그린다. 이는 통나무 수축 시 로그 엔드의 그루브 부분이 갈라져 그루브 에 받을장이 걸려 침하 작용을 방해하는 것을 막기 위해서다.

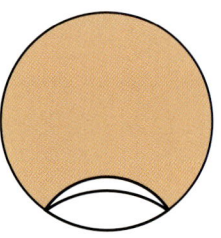

단면 부분을 둥글게 가공해 그루브 절단의 기준으로 삼는다.

1

2

3

4

1. 디자인 커트를 할 때 래터럴그루브가 노출되지 않게 바의 길이만큼 U 그루브를 만든다. 바 전체를 사용해 선의 안쪽을 V자 모양으로 절단한다.
2. 바 전체를 이용해서 U자 형태가 되게 다듬는다. 스크라이빙한 선을 침범하지 않도록 주의해서 작업한다.
3. 섬세한 정리는 그루브 옆에 서서 톱의 둥근 앞날을 이용해 둥글게 정리한다.
4. 통나무를 결합하면 이런 형태를 유지하게 된다. 로그 엔드의 경우 받을장과 엎을장 통나무가 분리돼 있어야 빗물 배수에 유리하다.

TIP 04 노치와 그루브의 정리

1

2

1. 노치와 그루브의 커트가 끝나면 끌이나 도끼로 남은 스크라이빙 선을 정리한다. 노치는 스크라이빙 선을 남겨 둔다.
2. 그루브의 스크라이빙 선을 완전히 제거해 최종적으로 스크라이빙 폭이 노치보다 8mm 정도 크게 만든다.

2) 스카프(scarf)의 가공

1

2

3

4

1. 스카프의 절단은 엔진톱의 윗날을 이용하면 자기 쪽으로 톱밥이 오지 않는다.
2. 절단이 끝났으면 평탄 작업인 브러싱을 한다.
3,4. 샌딩기나 곡면대패로 정리한다. 곡면대패를 사용할 경우 나이테 방향을 거슬리지 않도록 반반씩 작업한다.
　　한쪽으로만 대패질하면 나이테가 일어난다. 반대쪽도 같게 작업한다.

3) 노치(notch)의 종류

조적 방식의 통나무집에 사용하는 가장 일반적인 노치는 새들
노치다. 이외에도 로크 노치, 라운드 노치, 블라인드 노치, 스퀘
어 노치 등을 사용한다. 각 노치들은 구조물의 위치나 공간, 공
법에 맞게 적절하게 선택해서 사용한다.

(1) 로크 노치 (lock notch)

2차 파이널 스크라이빙이 끝난 후 노치를 가공하고 남는 부분이 10cm 이하거나 통나무 지름의 1/3 이하가 되면 강도를 보강해 주는 로크 노치 작업을 한다. 보통 큰 원구 위로 작은 말구가 올 때 로크 노치로 가공한다. 로크 노치는 통나무 벽체의 강도를 유지해야 하는 들보 같은 곳에 쓰인다.

1

2

3

4

5

1. 받을장과 엎을장의 노치 폭이 반반씩 되는 높이에 수평계로 스크라이빙 선을 연결한다. 반대편도 그린다.
2. 받을장에 스크라이빙 선과 수평선의 교차점을 표시한다. 스크라이버를 이용해 정확한 수직점을 찾는다. 네 군데 표시점이 생겼다.
3. 통나무를 작업대 위로 내려 엔진톱 작업을 할 때는 수평계로 연결한 선까지 평면이 되게 파이널 커트를 한다.
4. 표시점에서 노치 안쪽으로 7cm 지점을 표시하고 서로 연결한다. 이 치수는 나무의 상태에 따라 변화를 줄 수 있다.
5. 연결선 바깥쪽을 엔진톱으로 따낸다. 킥백 현상이 일어나지 않게 주의해서 작업한다.

6

7

8

9

6. 작은 조각이기 때문에 마무리는 끌로 하는 것이 안전하다.

7. 받을장의 표시점을 서로 연결하고 연결선의 1cm 아래쪽에 절단선을 그린다. 로크 노치 표시점에서 6.5cm 되는 지점까지 절단선을 긋는다.

8. 받을장 부분을 엔진톱으로 여러 번 절단해 망치로 따내고 정리한다.

9. 노치를 결합하면 외형은 보통의 노치와 같다.

(2) 라운드 노치 (round notch)

라운드 노치는 노치의 원형이라 할 수 있다. 스카프를 가공할 수 없는 곳이나 노치만을 가공하고 그루브의 공간을 전용 칭크재로 메우는 칭크 공법에서 많이 사용한다. 노치에 스카프를 가공하지 않으면 라운드 노치가 된다.

1

2

3

4

5

6

7

8

1. 스크라이빙은 새들 노치와 같은 방법으로 한다.
2. 뒤집어서 스코어링을 한다.
3. 먼저 V자형으로 크게 따낸다.
4. 남은 부분은 톱날 하나 정도의 두께로 계속 둥글게 제거해 나간다.
5. 네 곳 모두 작업한다. 이 과정은 조각하듯이 하므로 작업시간이 오래 걸린다.
6. 남은 부분을 엔진톱으로 브러싱하고 안쪽이 2~3cm 정도 오목하게 되도록 가공한다.
7. 가장자리는 끌로 깨끗하게 정리한다.
8. 통나무를 결합한 모습.

(3) 블라인드 노치 (blind notch)

블라인드 노치는 통나무 단면이 노출되지 않도록 할 때 사용한다. 하프로그를 노출되지 않게 하거나 통나무가 외부로 노출되면 문제가 생길 수 있는 보 부분에 가공한다.

1

2

3

1. 블라인드 노치는 통나무 단면이 노출되지 않게 할 때 사용한다. 하프로그가 노출될 경우 문제가 생길 소지가 있는 보 부분에 가공한다.
2. 블라인드 노치는 가능하면 로크 노치로 가공해 하중을 받도록 한다. 하프로그의 경우 주먹장으로 가공하기도 한다.
3. 노치가 외부로 노출되지 않도록 중심선보다 약간 안쪽으로 오게 작업한다.

(4) 스퀘어 노치 (square notch)

보와 보가 교차하는 경우나 스카프를 가공할 수 없어 라운드 노치로 가공하는 경우 밑에서 위를 보면 노치 내부가 노출돼 보기에 좋지 않다. 이때는 스크라이버 양쪽에 펜을 끼워 더블 스크라이버를 이용한 스퀘어 노치로 가공한다.

1

2

3

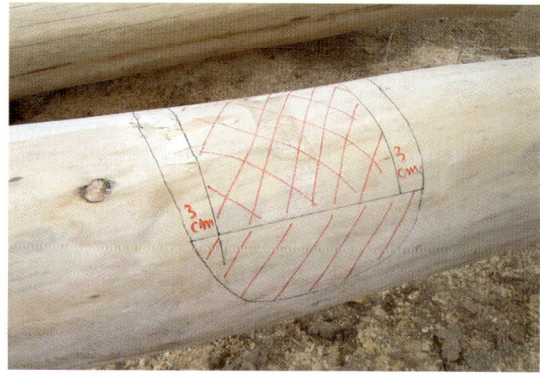
4

5

6

1. 스크라이버의 양쪽에 펜을 끼워 받을장과 엎을장 양쪽에 스크라이빙 선을 그린다. 이 작업을 더블 스크라이빙이라고 한다.
2. 스크라이빙 선의 중간 지점에 수평계로 수평선을 긋는다. 반대편도 같은 작업을 한다.
3. 노치와의 교차점 네 곳을 스크라이버로 표시한다.
4. 받을장의 표시점 네 곳을 서로 연결한다. 빗금 친 부분을 제거한다.
5. 받을장 부분을 제거한다. 엎을장은 받을장의 제거하는 부분과 남는 부분이 정반대다.
6. 결합하면 노치가 수축되더라도 틈이 보일 가능성이 많이 줄어든다.

4) 하프로그와 실로그의 가공

조적 방식의 첫째 단은 원목의 1/2 상태인 하프로그와 3/4 상태인 실로그로 만들어진다. 통나무 벽체는 하프로그로 인해 반 단의 고저 차가 생겨 서로 잡아 주는 구조가 되며, 3/4 상태인 실로그는 기초 위에 안정적으로 놓기 위한 장치다.

(1) 하프로그의 가공

통나무 조적 작업을 시작하려면 우선 통나무를 반으로 자른 하프로그(half log)를 만들어야 한다. 이 하프로그로 인해 교차하는 통나무 벽체에 반 단의 높이차가 생기며, 반 단의 높이차로 인해 통나무에 노치를 가공하게 된다. 보통 보유하고 있는 통나무 중 두 번째로 굵은 나무를 하프로그로 사용한다.

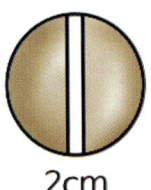

통나무를 반으로 나누는 중심선에서 양쪽으로 1cm씩 2cm를 절단 폭으로 잡는다. 엔진톱의 톱날이 한 번에 자르는 폭은 1cm 정도로 2cm의 절단 폭 한가운데로 톱날이 지나간다. 한 개의 통나무에서 두 개의 하프로그를 얻을 수 있다. 양쪽 절단선에 주의하면서 평면 절단 기법으로 나무를 절단한다.

1

2

3

1. 절단한 하프로그 단면에 중심선을 친다. 이때의 중심선은 하프로그 단면의 가운데가 아닌 절단면이 균등하게 좌우로 나뉘는 곳이다.
2. 직각자를 이용해 양쪽 단면에 중심선을 연장한 수직선을 긋고 통나무 등에 중심선을 연결한 먹줄을 친다. 이 선이 벽체 조적의 기준선이다.
3. 직각자나 직각박스로 실로그가 지나갈 자리를 표시해 주면 하프로그는 완성된다. 이 선은 가기초나 본 기초 위에 하프로그를 설치할 때 기준이 된다.

하프로그의 스카프(scarf) 가공

1

2

3

4

5

1. 일반적으로 많이 사용하는 새들 노치를 만들기 위해 스카프를 가공한다.
2. 기준이 되는 스카프 판을 만들어 전체 벽체가 같게 한다.
   기초 면에 접하게 스카프 하단을 그린다.
3. 스카프 선을 따라 스카프를 절단한다.
4. 평탄 작업인 브러싱(brushing)을 한다.
5. 샌딩기나 곡면대패로 깨끗이 마무리한다. 반대쪽도 같게 가공한다.

(2) 실로그의 가공

실로그(sill log)는 하프로그가 받을장이 될 때 엎을장이 되는 통나무다. 실로그는 기초 위에 올려지기 때문에 일정한 폭으로 평면을 만들어야 한다. 실로그는 3/4 로그라고도 한다. 실로그는 절단하고 남은 부분이 하프로그 폭의 두 배는 돼야 하기에 보유하고 있는 통나무 중에서 가장 굵은 것을 사용한다. 실로그의 평면 폭은 150mm 이상을 확보하는 것이 좋다. 폭이 너무 작으면 본 기초 위에 설치할 때 실로그의 절단면 끝이 기초 끝 선의 안쪽으로 들어가 물끊기를 만들기 어렵다. 실로그의 평면 절단 방법은 하프로그와 같다. 다만 실로그는 절단선이 하나뿐이기에 이 절단선을 기준으로 평면 절단을 한다. 실로그의 평면에도 중심선을 쳐 둔다. 이때의 중심선은 하프로그와 마찬가지로 전체의 무게를 나눈 중심선이다.

5) 각종 장부의 가공

통나무 목구조 방식의 작업은 대부분 양면 절단된 통나무를 결구시킬 각종 장부를 가공하는 작업이다. 장부는 부재가 직각을 이루며 만나는 맞춤과 부재와 부재가 연속해서 이어지는 이음을 적재적소에 사용해 구조물을 만든다.

장부맞춤은 시간이 흘러 나무에 수축과 뒤틀림이 일어나도 강도와 내구성에 문제가 없는 맞춤으로 가공한다. 각 부분에 적합한 장부들은 설계 단계에서 결정하고 결정된 치수와 길이로 정확하게 가공하는 것이 중요하다.

(1) 통넣고 반턱맞춤

일반적인 반턱맞춤은 가공하긴 쉬워도 통나무가 건조되어 수축하면 틈새가 생기는 문제가 있다. 수축 후에도 틈이 생기지 않게 하려면 가공은 까다롭지만 2cm를 통째로 집어넣는 '통넣고 반턱맞춤'으로 가공하는 것이 바람직하다. '통넣고 반턱맞춤'은 부재와 부재가 교차하는 토대(sill log)나 2층 보 등에 사용한다. 아래쪽에 들어가는 부재를 받을장, 위쪽에 올라가는 부재를 엎을장 또는 업힐장이라 한다.

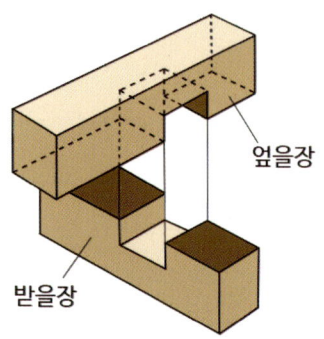

엎을장

받을장

통넣고 반턱맞춤 받을장 가공

1

2

3

4

1. 양면 절단하고 부재 가공 부분을 4면 절단이나 스카프로 가공한다. 이 부재는 두께 24cm를 기준으로 한 것이다.
2. 수축이 되도 틈이 생기지 않도록 2cm를 제거한다.
3. 통나무를 90° 돌려 제거한 부분에서 안으로 2cm를 더 들어간 위치에서 두께의 반(12cm)을 제거한다.
4. 받을장 가공이 끝난 상태.

통넣고 반턱맞춤 엎을장 가공

1

2

3

4

1. 엎을장도 4면 가공한 후, 받을장이 통째로 들어오는 부분을 제외한 나머지 부분의 2cm를 제거한다.
2. 나무를 90° 돌려 원형톱이나 엔진톱으로 두께의 반(12cm)을 제거한다.
3. 엎을장 가공이 끝난 상태. 받을장과 엎을장은 남는 부분이 서로 정반대가 된다.
4. 통넣고 반턱맞춤의 결합. 허용 오차 없이 정밀하게 작업해 조립하면 건조 시의 뒤틀림으로 더욱 견고하게 결합한다.

(2) 통넣고 주먹장 맞춤

통넣고 주먹장 맞춤은 부재와 부재가 직각으로 만나는 토대나
들보와 돌보가 만나는 곳에 가공한다. 최소 2cm 정도를 통째로
넣어 주어 수축이 일어나도 내부와 외부를 관통하는 틈이 생기
지 않도록 한다.

주먹장 가공은 통나무가 빠지지 않게 하려고 가공하는 장부다.
생긴 모양이 주먹처럼 생겼다고 해서 붙여진 이름이다. 비슷한
모양으로 나비장맞춤이 있다. 나비장은 별도의 부재이고 주먹
장은 하나로 연결된 부재다.

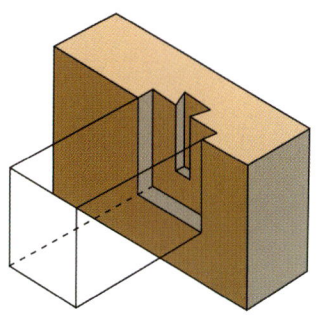

통넣고 주먹장 암놈 장부 가공

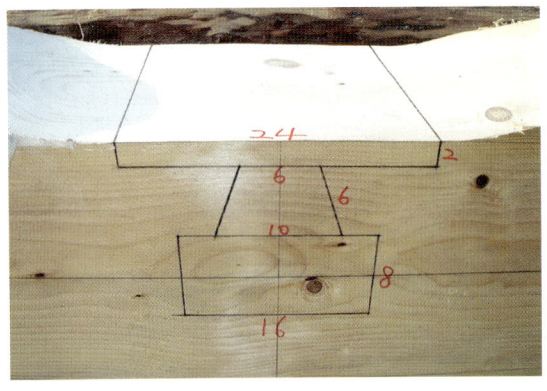

1

2

3

4

1. 가공하고자 하는 부위를 스카프 가공해 그 위에 정해진 치수로 사각을 만든다. 스카프 가공을 하지 않는 경우도 있다.
2. 통 넣을 부분을 원형톱이나 엔진톱으로 가공하고 샌딩한다.
3. 안쪽으로 나무를 돌려 엔진톱으로 주먹장을 따낸다. 이때 장부 암놈이 있으면 먼저 작업하는 것이 편하다.
4. 세밀한 부분은 끌로 깨끗하게 정리해 완성한다.

통넣고 주먹장 수놈 장부 가공

1

2

3

4

1. 치수대로 부재를 절단해 리커브 가공을 한다. 통째 집어넣는 2cm를 잊지 말고 점검하고 직각박스를 이용해 절단선을 그린다.
2. 나무를 90° 돌려 끌이나 원형톱으로 절단선을 스코어링한다.
3. 엔진톱으로 장부를 가공한다. 마지막 마무리는 끌이나 샌딩기를 이용하는 것이 깨끗하고 정확하다.
4. 가공이 끝나면 지그를 이용해 암수 모두 치수가 정확한지 확인한다. 수놈을 암놈보다 2mm 작게 만든다.

(3) 주먹장 맞춤

1

2

1. 주먹장 맞춤은 부재와 부재를 잡아주는 역할을 한다. 기둥에 통 넣을 부분을 만들면 수축 후에 생기는 틈을 예방할 수 있다.
2. 마감되지 않아 벽체가 없는 곳은 스카프를 가공하지 않고 주먹장 암놈을 가공해 부재를 받치는 면적을 넓게 확보한다.

(4) 내림주먹장

내림주먹장은 기둥에 측면 형태로 결합하는 보가 빠지지 않게 하려고 사용하는 장부다. 기초에서 도리까지 서는 심주(心柱)나 고주(高柱)를 가공할 때 사용한다.

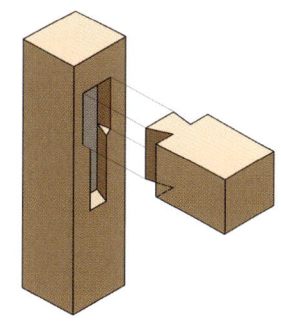

(5) 기둥용 암놈 장부

토대와 보 등 기둥이 서는 곳에는 위, 아래로 기둥용 암놈 장부를 가공한다. 암놈 장부의 가공은 엔진톱을 이용한 노즐 보링이나 각끌기를 사용해서 깨끗하게 구멍을 판다.

1. 단면의 기둥 위치에 암놈 장부 지그를 대고 암놈 장부를 그린다. 직각자로 일일이 그리는 것보다는 지그를 만들어 사용하면 편하다.
2. 섬유질과 직각으로 만나는 선은 끌을 이용해 섬유질을 끊어 주는 스코어링을 시행한다.
3. 통나무 위에서 작업하는 동안 통나무가 움직이지 않도록 잘 고정하고 엔진톱을 세워 수놈보다 1cm 더 깊이 판다.
4. 남은 조각들을 제거하고 끌로 깨끗하게 정리한다. 특히 구석진 부분을 잘 다듬어야 조립 작업 시 문제가 생기지 않는다.
5. 지그를 가지고 크기와 깊이가 적당한지 확인한다. 암놈 장부는 연필 선을 남기고 수놈 장부는 연필 선을 죽여 2mm 작게 만든다.

6) 기둥 키웨이와 보의 비흘림

통나무는 수분이 증발하면서 수축하게 된다. 통나무가 수축하게 되면 기둥과 보가 줄어들고 벽체와의 사이에 틈이 생긴다. 이 틈으로 인해 외부로부터 빗물과 바람이 들어온다. 이 문제를 방지하기 위해 모든 벽체에 키웨이를 가공해 2~3cm 정도로 바탕재를 끼워 주면 통나무가 수축한 후에 생기는 틈을 어느 정도 막을 수 있다.

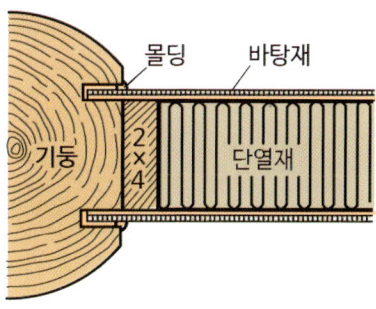

만일 기둥에 키웨이를 가공하지 않으면 기둥이 수축하면서 벽체와의 사이에 틈이 성겨 밀폐재로 모두 메워 줘야 한다. 키웨이 가공은 벽체의 좌우와 상단에만 한다. 벽체의 하단에도 키웨이 가공을 하면 빗물이 타고 들어온다.

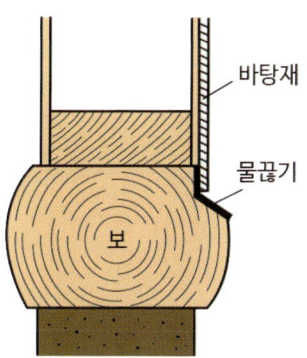

보의 하단에는 바깥쪽으로 경사지게 면을 만들고 동후레싱 등으로 물끊기 작업을 해 빗물이 통나무 내부로 스며들지 않도록 한다. 조적 방식의 경우 박공 들보와 개구부 하단에 시공하고, 목구조 방식인 경우는 외부에 노출되는 수평 부재에 모두 시공한다.

12. 통나무집을 만드는 과정

통나무집은 뒤쪽의 시공과정과 같은 단계를 거쳐 만드는데, 상황에 따라 작업순서가 조금씩 달라지기도 한다. 어떤 경우라도 건축허가 등 법적인 절차를 마친 다음 건축 작업에 들어가야 한다. 대천 통나무펜션리조트 내에 있는 신흑동 관광농원의 통나무집 만드는 과정을 소개하고 완성된 모습의 사진은 내부구조가 같은 몽키리조트를 소개한다.

대천 통나무펜션리조트 _ 신흑동 관광농원

64py (212.28㎡)

통나무주택

위　　치	충청남도 보령시 신흑동 558-8
건 축 면 적	99.76㎡(30.18py)
연　면　적	212.28㎡(64.21py)
1층 면 적	99.76㎡(30.18py)
2층 면 적	112.52㎡(34.04py)
구　　조	통나무구조
외 부 마 감	통나무
내 부 마 감	강화마루, 통나무
지 붕 재	아스팔트슁글
설　　계	혜인건축사사무소
시　　공	대천통나무펜션리조트
취 재 협 조	몽키리조트 대천통나무펜션리조트 041_931_1503

1층은 철근콘크리트 구조에 목조패널로 마감하고 2층 슬래브 위에는 다락이 있는 2층 통나무집을 지었다.

혼합구조(combination) 방식의 통나무집

이 통나무집은 자연스럽게 경사지를 이용하여 1층은 철근콘크리트 구조로 하고, 2층은 2층 슬래브 위에 다락이 있는 혼합구조의 통나무집을 지어 현관에서 보면 2층 집이지만, 도로 방향에서는 다락까지 포함하여 4층 규모의 웅장함을 자랑한다. 조적(notch) 방식의 웅장함과 통나무 목구조(post & beam) 방식의 간결함을 함께 표현한 혼합구조(combination) 방식의 통나무집이다. 통나무 벽체를 조적 방식으로 몇 단 쌓은 뒤, 그 위에 기둥을 세우고 다시 반복한 다음, 그 위에 기둥을 세워 통나무집을 만드는 수직적 의미의 혼합구조이다.

통나무집은 설계가 확정되면 현장에서는 토목과 기초 작업을 하고, 동시에 다른 작업장에서는 병행해서 골조작업을 할 수 있다. 콘크리트주택이나 벽돌집, 흙집은 겨울철 공사가 어려운 특성이 있지만, 통나무집은 한겨울에도 원목골조작업이 가능하다는 장점은 건축주의 시간 계획에 따라서 매우 유리하게 작용할 수 있다. 통나무집은 지붕틀로 지붕을 만들므로 로프트가 생기는 데, 이 로프트(loft)가 있는 다락방에 채광과 거주성을 고려해 큰 도머를 설치했다. 이외에도 아웃트리거(Outrigger)를 걸어서 1층보다 2층이 오히려 넓고 배면에는 들창을 설치하여 공간의 효율성을 높였다. 여러 기능을 접목해 보기에도 웅장하고 실용적인 통나무집을 지었다.

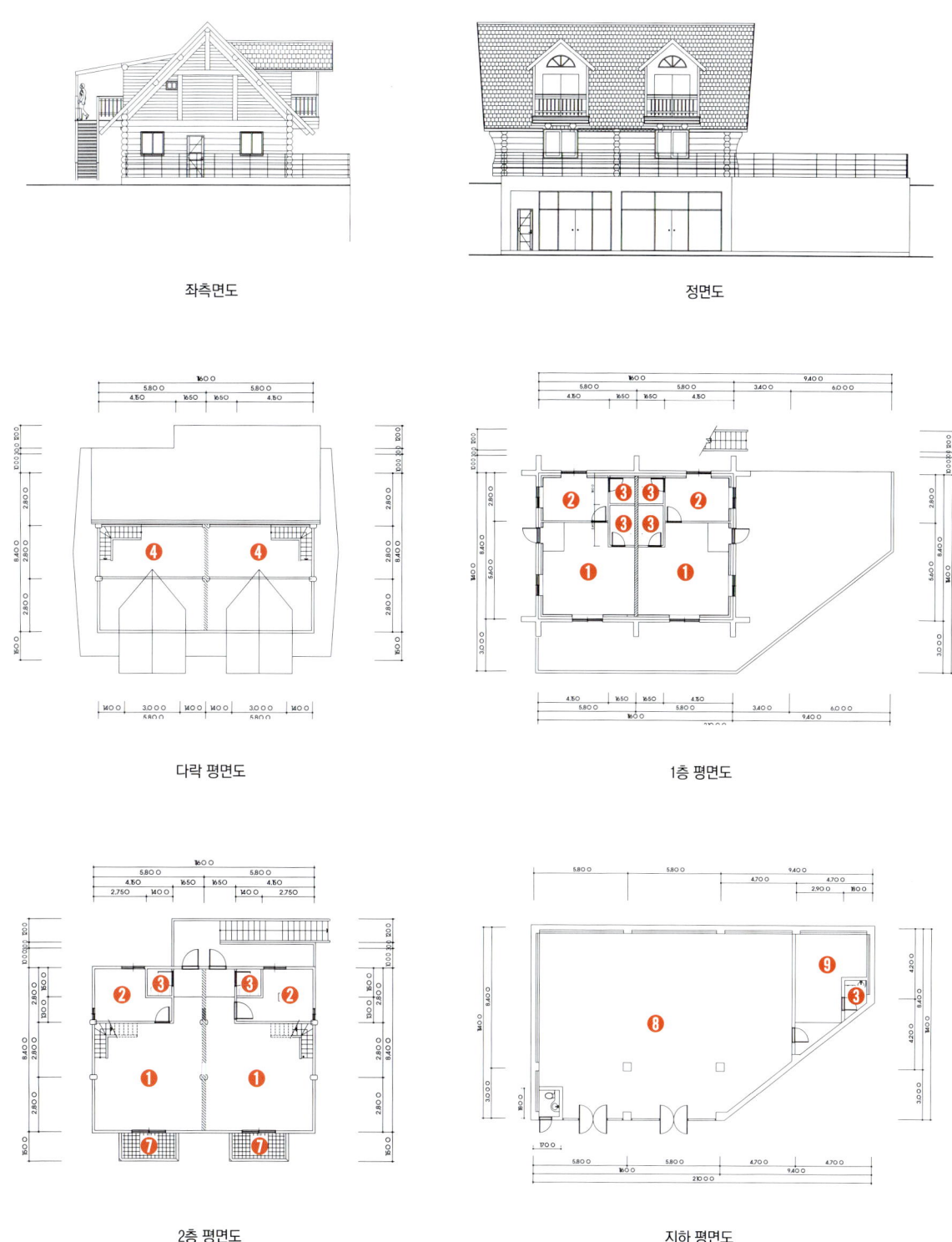

좌측면도

정면도

다락 평면도

1층 평면도

2층 평면도

지하 평면도

❶ 거실 ❷ 침실 ❸ 욕실 ❹ 다락 ❺ 복도 ❻ 계단 ❼ 발코니 ❽ 숍 ❾ 다용도실

1

2

3

4

1_ 좌측 후면에서 바라다본 모습으로 조적 방식의 통나무 벽체와 2×4 목구조 마감이 조화를 이룬다.
2_ 채광과 로프트인 다락방의 거주성을 고려해 지붕에 출창인 큰 도머(dormer)를 설치하였다.
3_ 배면은 처마를 길게 내어 공간의 활용도를 높였다.
4_ 욕실에는 편히 휴식을 취할 수 있는 스파용 월풀욕조가 마련되어 있다.

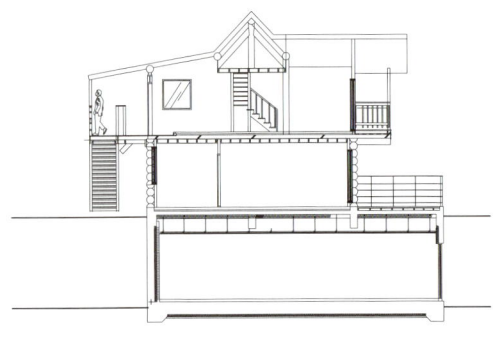

종단면도

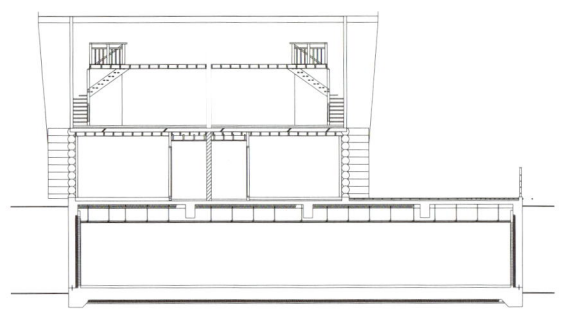

횡단면도

1

2

3

4

5

6

1_ 룸을 사용하는 사용자의 프라이버시를 위해 편복도를 설치하였다.
2_ 지붕선을 따라 형성된 로프트와 도머 출창의 직선이 만나 입체적인 공간이 되었다.
3_ 다락에서 거실이 보이는 복층구조로 실내계획을 미리 반영한 구조에서 절제미가 돋보인다.
4_ 통나무를 사용해서 기둥과 보를 구성하는 포스트앤빔 공법에 비단벽지로 벽을 마감하였다.
5_ 천장은 지붕선을 살려 서까래를 댄 후 루버로 마감하고, 바닥은 강화마루로 마감하였다.
   전체에 목재 마감재를 사용하여 나무 향이 솔솔 나는 자연의 냄새가 배어나는 공간이다.
6_ 경사지붕의 형태를 따라 만든 오픈천장으로 실내는 시원스러운 분위기다.

1

2

3

1_ 난간을 통해 들어오는 조망감은 다락에서만 느낄 수 있는 하나의 장점이다.
2_ 비교적 협소한 공간의 다락방으로 싱글 매트리스를 놓고, 조용히 올라와
　　잠을 잘 수 있는 취침실로 활용한다.
3, 4_ 화이트 스틸 바디로 포인트를 준 8등 펜던트등을 설치하였다.
　　불을 켜면 불빛이 은은하게 퍼지면서 감성적인 분위기를 낼 수 있다.

4

통나무집 시공과정

기초부터 골조 완성까지 통나무집 짓는 과정에 대한 이미지를 설명과 함께 순서대로 게재했다. 기초공사, 구조부가 POST & BEAM으로 구성되는 통나무집 골조 시공과정에 대한 95컷의 상세이미지를 살펴보자.

1_ 대지의 상황을 확인한다. 바람 방향, 태양 움직임, 주변 전망 같은 자연조건과 트럭의 출입 여부 등을 확인하고 설계한다.

2_ 설계 치수를 모두 더 한 길이를 11m로 나누고 10%를 더해 수량을 산출한 뒤, 원목 수입상을 통해 원목을 구매한다.

3_ 통나무 작업에 들어가기 전에 통나무의 껍질을 벗기는 필링작업을 한다.

4_ 선자귀로 위에서 밑으로 껍질을 벗긴다.

5_ 샌딩은 장시간에 걸친 작업이기에 편안한 작업대가 필수다. 작업하기 좋은 높이의 작업대에 통나무를 올려놓고 작업을 한다.

6_ 진입도로가 좁거나 주위에 민가가 많아 소음 때문에 통나무 가공작업을 할 수 없으면 따로 작업장을 구해 가공작업을 한다.

7_ 설계도면에 따라 치수에 맞게 가공작업을 한 통나무를 쌓고 있다.

8_ 조적 방식의 통나무집을 지을 경우 건축 현장과는 다른 곳에서 미리 통나무 벽체를 쌓는 가조립을 한다.

9_ 주변의 경관과 지세, 접근로 등을 판단하여 향을 잡는다.

10_ 기초 거푸집 작업과 철근 배근 작업을 한다.

11_ 1층 벽체와 2층 슬래브 바닥의 콘크리트 타설 작업을 진행한다.

1_ 수평을 유지하고 있는 슬래브 바닥에서 통나무집의 기초 부분을
   20cm 줄기초 형태로 단을 높였다.
2_ 작업장에서 완성한 벽체를 해체하여 같은 부재끼리 묶어 운반이 쉽게 하였다.
3_ 가조립을 해체하여 같은 크기의 부재끼리 펼쳐 놓은 현장의 모습이다.
4_ 무게를 고려하여 통나무를 3~4개씩 묶어 차량에 싣고 있다.
5_ 운반 차량이 도착하기 전에 섬세한 작업이 가능한 카고 크레인을 준비한다.
6_ 카고 크레인의 경우는 5톤 트럭에 6단 붐 정도가 적당하다.
7_ 현장 주변의 빈터를 최대한 활용하여 가공한 자재별로 작업하기 쉽게 펼쳐 놓는다.
8_ 줄기초가 단단하게 양생이 잘 안 된 부분을 제거하고 면 고르기를 한다.
9_ 콘크리트 기초와 토대 사이에서 공기가 누출되는 것을 감소시키기 위해 설계된
   방풍 역할을 하는 씰실러(sill sealer)이다.
10_ 하프로그와 실로그 밑바닥에 토대와 씰실러(sill sealer)를 부착한다.
11_ 벽체의 기초 고정용 토대로 방부목을 1겹 부착한다.
12_ 조적 방식의 첫째 단으로 원목의 1/2 상태인 하프로그를 설치한다.
13_ 하프로그를 설치한 반대쪽에도 하프로그를 설치한다.
14_ 하프로그의 밑을 기준으로 수평을 맞춘다.

02

1_ 벽체가 서는 중간 부분에 노치를 수평으로 맞춰 놓는다.

2_ 하프로그에 교차해서 놓이는 최하단의 통나무로 원목의 3/4 상태인 실로그를 기초 위에
   안정적으로 놓는다.

3_ 실로그를 설치한 반대쪽에도 실로그를 설치한다.

4_ 하프로그와 실로그를 기초와 앵커볼트로 완전히 고정하기 위해 좌우로 회전 방향이
   전환되고 통나무를 30cm 이상 뚫을 수 있는 해머드릴을 사용한다.

5_ 앵커볼트 상세

6_ 내벽 토대 고정용으로 앵커볼트를 고정한다.

7_ 튀어나온 앵커볼트의 윗부분을 그라인더로 제거하여 깔끔하게 마무리한다.

8_ 통나무와 통나무가 겹치는 부분인 그루브(groove)에 2~3겹 단열재를 보강한다.

9_ 통나무가 안정화되면서 그루브 중앙에 단열재가 모일 수 있도록 타카로 고정한다.

10_ 하프로그 위에 두 번째 통나무 벽체를 설치한다.

11_ 반대쪽에도 두 번째 통나무 벽체를 설치한다.

12_ 똑같은 방법으로 반복하여 통나무 벽체를 쌓아 나간다.

13_ 하프로그와 실로그 밑이 처지지 않도록 쐐기를 박아 수평을 유지한다.

14_ post의 위치에 따라 모양이 양면, ㄱ자형, ㄷ자형, ㅁ자형의 4가지로
   만들어지는데 모서리에 위치한 post로 ㄱ자 형태를 이루고 있다

03

1_ 골조의 수직과 수평을 맞추는 게 중요하다. 수평과 수직이 틀어지면
   창호나 출입문 등의 하자 발생 요인이 된다.
2_ 양쪽으로 2×4 각재를 대여 기둥의 수직을 유지한다.
3_ 1층의 모든 post가 조립된 모습이다.
4_ 1층의 모든 post가 전부 조립이 되면 위에 beam의 조립이 시작된다.
5_ 반대쪽에도 하프로그 형태의 beam을 설치한다.
6_ 모든 하프로그 형태의 beam 조립이 완성되었다.
7_ 하프로그에 교차해서 원목의 3/4 상태인 실로그를 1층 post 위에 안정적으로 놓는다.
8_ 가운데에 처짐을 방지하기 위해 6×6 기둥을 2곳에 세웠다.
9_ 2층에 설치한 실로그 반대쪽에도 실로그를 설치한다.
10_ 2층의 하프로그 위에 두 번째 통나무 벽체를 쌓는다.
11,12_ 나머지 2층의 하프로그 위에 두 번째 통나무를 쌓는다.
13_ 2층의 beam을 얹힐 캡이 있는 beam을 설치한다.
14_ 이어서 2층에 통나무 3단 쌓기를 한다.

04

1_ 2층을 만들기 위해 바닥을 지지하는 보를 설치한다.

2_ 2층의 모든 보 설치를 완성한다.

3_ 2층의 모든 beam이 조립된 모습이다.

4_ 2층에 통나무 3단 쌓기를 한다.

5, 6_ 도리 옆으로 아우트리거(Outrigger)를 걸어서 오히려 1층보다 2층을 더 넓게 했다.

7_ 네 귀퉁이에 아우트리거(Outrigger)를 완성하였다.

8_ 선불 옆에서 본 아우트리거(Outrigger) 상세

9_ 2층에 통나무 4단 쌓기를 완성한다.

10,11_ 2층 바닥을 형성하는 beam의 높이를 수평기를 보면서 튀어나온 부분을
전동대패로 깎아 수평을 유지한다.

12_ 2층은 벽체 작업의 마지막 단계인 주도리까지 조립이 완성되었다.

13_ 1층의 평평한 바닥에서는 트러스를 짜고 있다. 양쪽 서까래에 종보와
대공을 결구하고 있다.

14_ post와 서까래가 만나는 합각 부분을 앵커볼트로 단단하게 체결하고 있다.

05

1_ 2층의 모든 beam이 조립되고 그 위에 post가 다시 조립된다.

2_ 제작한 트러스를 위로 들어 올리고 있다.

3_ 처마벽(박공널) 쪽에 통나무로 만든 삼각형 구조체인 트러스(truss)로 대공만을 세운 구조와 비교해 강도가 뛰어나다.

4_ 통나무집의 상징이라고도 할 수 있는 트러스(truss)를 세운 당당한 모습이다.

5, 6_ 2×4 각재를 대여 트러스(truss)의 수직을 유지한다.

7_ 벽체가 들어서는 2층 중간에 post를 세운다.

8_ 2×4 각재를 대여 post의 수직을 유지한다.

9_ 가로에도 2×4 각재를 대여 견고히 하고 작업할 시 디딤대 역할을 하도록 한다.

10, 11_ 두 기둥 사이에 가로로 beam(종보)을 설치한다.

12_ 종보 위에 대공을 설치한다.

13_ 반대쪽의 트러스도 조립을 완성하였다.

14_ 좌측면을 바라다본 모습으로 짜임새 있게 결구한 트러스(truss)가 한눈에 들어온다.

06

1_ 지붕의 가장 위에 서까래를 받치는 종도리(ridge pole, 용마루)를 설치하였다.

2,3_ 좋은 날을 잡아서 통나무 골조를 조립하고 상량을 한다.
　관습을 지키는 사람들은 이날 상량 고사를 지낸다.

4_ 포스트에 합판 홈을 가공하는 방법은 차후 통나무의 수축에 대비하고 벽체와 통나무의
　틈이 생기는 것을 막아 기밀성을 유지하는 방법이다.

5_ 밑에서 위를 올려다본 종도리의 모습이다.

6,7_ 지붕에 도머(dormer)를 설치할 뼈대를 조립한 좌·우측면의 모습이다.

8_ 자연미가 살아 있는 통나무집 배면의 모습이다.

9,10_ 경사지에 지어진 통나무집의 위용이 그대로 드러나 보인다.

11_ 조적(notch) 방식의 웅장함과 통나무 목구조(post & beam) 방식의 간결함을
　함께 표현한 통나무집이다.

12_ 배면에 공간의 효율성을 높일 목적으로 꺾인 지붕을 계획하여 post를 세웠다.

13_ 배면의 post를 연결하여 beam을 얹었다.

14_ 모든 부재가 조립되어 혼합구조(combination) 방식의
　통나무집 골조가 완성되었다.

07

13. 통나무집 짓는 과정과 자재산출

통나무집을 짓기 전에 3D 시뮬레이션을 통해 기초부터 완성까지 공정별로 진행되는 과정을 살펴보고, 도면을 통한 자재산출 및 비용계산은 어떻게 하는지, 무주 덕유산 자연휴양림의 통나무집 사례를 중심으로 실제 자재 물량을 산출하고 단가를 대입하여 비용을 산출해 보기로 하자.

아름다운 자연에서 사계절 내내 청량감을 느낄 수 있는 무주 덕유산 자연휴양림의 캐라반캠핑장에 통나무집 5동이 마련되어 있는데 이 중 한 채를 산출근거로 삼았다. 이 통나무집의 건축면적은 가로 10m, 세로 5.7m로 57㎡(17.24평)이고 다락 면적이 가로 5.6m, 세로 5.7m로 31.92㎡(9.66평)로 전체적으로 88.92㎡(26.9평) 규모이다.

건축 및 자재 상담

네이버 검색 (화이트우드/목조건축지원센터)
강남주 010-2657-4140, 임종빈 010-7100-7624

1

2

3

4

5

1 가공 진입도로가 좁거나 주위에 민가가 많아 소음 때문에 통나무 가공작업을 할 수 없으면 따로 작업장을 구해 가공작업을 한다.
2 조립 작업장에서 완성한 벽체를 해체하여 현장에서 재조립하고 있다.
3 구조 채광과 다락방의 거주성을 고려해 경사진 지붕에 도머(dormer)를 설치하는 경우가 많다.
4 외부(1) 자연 속에 지은 원시적인 원형을 그대로 유지하고 있는 수공식 통나무집이다.
5 외부(2) 통나무집은 원목 형태 그대로인 통나무를 사용하여 장엄하면서도 육중한 멋이 있다.

〈 내 손으로 짓는 소형 통나무집 〉

좌측면도

우측면도

정면도

배면도

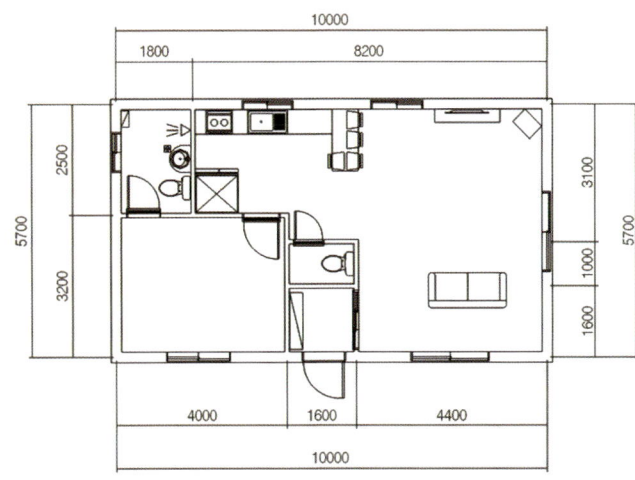

1층 평면도

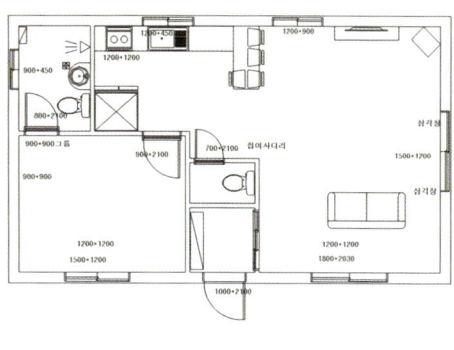

창호도

1) 통나무집 공정별 시뮬레이션

통나무집을 짓기 전에 3D 시뮬레이션을 통해 기초부터 완성까지 공정별로 20개 과정을 소개한다. 완성된 평면도를 바탕으로 실제의 모습을 구체적으로 입체화시켜 정면, 측면, 배면의 모습을 여러모로 보여준다. 실제 지어질 집의 변화를 미리 볼 수 있어 공정별 이해도를 높일 수 있고 이런 과정에서 얻은 설계도면은 목재를 가공하는 기초정보가 된다.

───────────〈**통나무집 기초부터 완성까지 시뮬레이션 순서**〉───────────

1

2

3

4

5

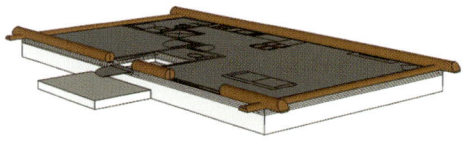

6

1. 철근콘크리트구조의 주택보다 상대적으로 중량이 적은 목구조주택은 지반 상태가 양호한 경우 온통기초(매트)를 할 수 있다.
2. 내벽 토대 고정용으로 스테인리스 Set앵커를 설치한다.
3. **토대목 놓기** 벽체와 기초 고정용 토대로 방부목을 1겹 설치한다.
4. **토대목 놓기** 바닥 난방을 고려하여 방부목 위에 구조목을 3겹 설치한다.
5. **하프로그 설치** 조적 방식의 첫째 단은 원목의 1/2 상태인 하프로그와 3/4 상태인 실로그로 만들어진다.
   통나무 벽체는 하프로그로 인해 반 단의 고저 차가 생겨 서로 잡아 주는 구조가 된다.
6. **실로그 설치** 하프로그에 교차해서 놓이는 최하단의 통나무로 원목의 3/4 상태인 실로그는 기초 위에 안정적으로 놓기 위한 장치다.

7   8

9   10

11   12

13   14

7, 8, 9. 통나무 벽체 설치 말구직경 280mm 원목 통나무로 11단 정도를 조적하여 외벽 높이 3m를 확보한다.

10. 벽체 작업의 마지막 단계인 주도리를 설치한다.

11. 대공을 대고 용마루(종도리)를 설치한다.

12. 포치 건물의 현관 또는 출입구의 바깥쪽에 비바람을 피하기 위한 목적 등으로 설치하며,
외향적인 아름다움과 기능적으로 쓰임새가 큰 전천후 전이공간의 역할을 한다.

13. 개구부는 통나무 벽의 침하로 창틀이나 문에 압박을 받게 되는 현상을 방지하기 위해
창호와 칸막이 사이에 공간을 두는 세틀링 스페이스(settling space)를 확보한다.

14. 창호의 수직과 수평은 쐐기를 이용해 확보하므로 개구부의 크기는 실제 창호의 외경보다 약 12mm(1/2인치) 정도 크게 한다.

15

16

17

18

19

20

15. 내벽을 경량목구조 2X4, 박공벽을 경량목구조 2X6로 마감한다.
16. 2층에 다락방을 만들기 위해 바닥을 지지하는 보를 설치한다.
17. 박공벽과 도머 출창의 벽을 단열재로 보강하고 석고보드로 마감한다.
18. 난간을 만들고 다락 하부를 편백 루버로 마감한다.
19. 지붕 서까래를 경량목구조 2X10구조로 하고 지붕용 단열재(R-32)를 설치한다.
20. 완성된 모습. 지붕마감재로 이중그림자싱글을 사용하였다.

2) 통나무집에 필요한 자재

무주 덕유산 자연휴양림의 캐라반캠핑장에 설치한 통나무집의 사례를 중심으로 자재산출 시 고려해야 할 점과 요령에 대해서 살펴본다. 공사 규모에 맞게 자재의 규격에 따라 수량을 산출하면 된다. 자재 가격은 수입재가 대부분이므로 환율 또는 해외시장 상황에 따라 변동되며 자재 수량은 2~3% 여유를 갖고 사는 것이 좋다.

(1) 기초

01. 스테인리스 J앵커

기초 외각 코너에서 30cm 이격하여 1개,
중간은 1.2~1.5m 간격으로 설치한다. 시뮬레이션 01 참고

02. 스테인리스 Set앵커

내벽 토대 고정용으로 각 시작점에서 30cm 이격하여
1개, 중간은 1.2~1.5m 간격으로 설치한다. 시뮬레이션 02 참고

(2) 토대

01. 방부목 2X8, 2X4

벽체와 기초 고정용 토대로 방부 등급 H3, H4급 이상인 강성재(햄퍼) 방부목을 사용하며 외벽(조적식 통나무구조)은 2X8, 내벽(경량목구조)은 2X4를 1겹 설치한다. 시뮬레이션 03 참고

02. 구조목 2X8

바닥 단열재 압출보온판(아이소핑크) 100mm+바닥 난방 몰탈 50mm 이상 필요하므로 방부목 1겹+구조목 3겹=4겹(38×4=152mm)으로 한다. 시뮬레이션 04 참고

* 현 국토교통부 고시 지역별 위치별 단열기준에 따라 단열재 및 시공 두께를 확보하여야 한다. (지붕, 외벽, 바닥 등)

(3) 원목

01. 원목 통나무

통나무집용 원목(House Log)으로 수입된 햄퍼, 더글러스퍼를 주로 사용하며 말구직경 280mm 정도를 사용하면 평균 조적높이 270mm 정도가 되므로 약 11단 정도를 조적하여 외벽 높이 3,000mm 정도 확보(노치 깊이, 원목의 평균 두께에 따라 다름), 원목은 통상 길이 40피트(12m)로 수입되며 규격은 말구(나무의 상부 얇은 쪽) 직경으로 체적을 계산한다.

말구자승법
ex) 0.28X0.28X12m=0.9408㎥÷0.00324
(0.03X0.03X3.6m)재(才, 사이)=290재

02. 통나무 벽체

외벽이 가로 10m×세로 5.7m에 외측 돌출 0.6m(평균)X11층 총 44층이 소요되나 창문 개구부 등을 제거하면 도리, 기둥, 현관 골조 및 여유 1~2봉을 포함하여 약 40봉 정도 소요된다. 시뮬레이션 05~13 참고

(4) 경량목구조

01. 내벽 경량목구조 2X4

내벽 길이는 20.5m, 벽 코너 11곳 골조의 가로재(plate)는 아래(bottom), 위(top), 이중(double) 3개 층으로 이루어져 20.5X3=61.5÷4.8m(16피트) 13개, 내벽 높이 2.4m, 세로재(stud)는 약 40cm 간격 즉, 20.5m÷0.4=51.2≒52개, 코너 11곳X3개=33개, 도어 4곳X4개=16개 등, 52+33+16=101개÷2=51 즉 4.8m(16피트) 구조재 51개로 총 13+51=64개가 필요하다.

시뮬레이션 15 참고

02. 내벽 마감

- 석고보드 1.22X2.44m(2.97㎡) 내벽 규모 20.5m X2.5m=52㎡÷2.97=17.25X2(앞, 뒤 2겹)=36장-11장(화장실 내측)= 25장-도어부분 차감=약 22장 소요된다.
- 화장실 실내 방수합판(Zip Sys) 7장+4장=11장 필요하다.
- 단열재 내벽용(R-11) 52㎡÷0.96㎡(0.4X2.4)=55-도어부분 차감=48장 필요하다. 시뮬레이션 17 참고

03. 외벽 창 골조 2X4

- 창문은 상·하, 좌·우 각 2겹, 외부도어 및 Patio 도어는 좌·우, 상부 각 2겹으로 약 30개 소요된다.
- 자재목록 창호 및 외부도어 규격 및 수량 참조
  시뮬레이션 14 참고

04. 박공벽(외벽) 2X6 구조

박공벽은 가로 3m×세로 3m 4곳(동측, 서측 각 2곳) 1곳당X5개(16피트) =20개가 필요하다. 시뮬레이션 15 참고

05. 박공벽 마감

- 박공벽 면적 18㎡, 외측은 합판 18÷2.97=6장 내측은 석고 6장이 필요하다.
- 단열재 외벽용(R-21) 18㎡÷0.96㎡(0.4×2.4)=9장, 까치지붕 벽체 24장 총 33장이 소요된다. 시뮬레이션 17 참고

06. 다락 바닥 2X10 구조

바닥 크기 5.4m×5.4m이므로 구조재 5.4m(18피트) 장선받이(가로재) 2겹씩 전·후 2곳 4개, 장선(세로재) 0.4m 간격 5.4m÷0.4m=14개 총 18개가 필요하다.

시뮬레이션 16 참고

07. 다락 바닥 마감

- 바닥 판재(T&G 합판) 5.4X5.4=29.16㎡÷2.97 =9.8≒11장/하측 석고보드 10장이 필요하다.
- 단열재(R-21) 29.16÷0.96(0.4X2.4)=30장이 필요하다.
- 다락 하부는 편백 루버 마감. 29.16÷1.7㎡ =18단+몰딩 2단 20단이 필요하다. 시뮬레이션 18 참고

08. 지붕 서까래 2X10 구조

지붕 가로 0.8+10+0.8m=11.6m 12÷0.4=30칸, 가로 11.6m 3곳(용마루, 서브페이셔, 블로킹) 구조재 2X10 5.8m(18피트) 30+6+30+6=72개, 까치지붕 4개씩 3곳 13개 총 85개가 필요하다. 시뮬레이션 19 참고

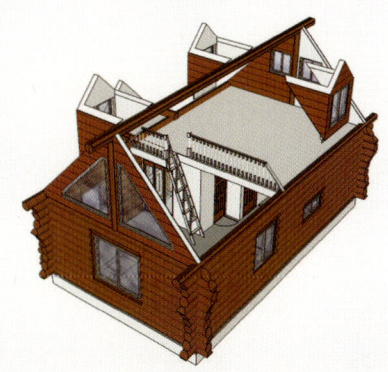

내부 입체도. 내부 구조가 한눈에 드러나 보인다.

09. 지붕 마감

– 지붕판(OSB) : 지붕 상부 측 11.6X5.4=63㎡X2곳 =126㎡÷2.97=42 까치지붕 등 49장이 필요하다.

– 단열재 지붕용(R-32) : 지붕 건물 측 10X4.3m =43㎡X2곳 86÷0.48(0.4X1.2)=180장+까치지붕 포함 198장이 필요하다.

– 지붕마감재(이중그림자쉥글) : 150㎡÷2.3㎡=65팩 70팩(여유 포함)이 필요하다.

– 용마루 벤트 : 11m÷1.2=8개, 일반 쉥글 20m (11+3X3)÷9=3팩이 필요하다.

– 스텝후레싱 : 1.8m÷0.14=13개X6곳=78개가 필요하다.

– 석고보드 : 1.22X2.44m(2.97㎡) 지붕 건물 측 86㎡ ÷2.97=29장이 필요하다.

– 지붕 하부는 편백 루버 마감. 86÷1.7㎡=50단+몰딩 3단 53단이 필요하다. 시뮬레이션 20 참고

스케치업을 이용한 3D 시뮬레이션을 통해 완성한 통나무집.

통나무집(18평) 자재내역

구분	자재구분	규격1	단위	토대	1층				지붕&박공	데크	총계	단가	금액
					바닥	외벽	내벽	천정					
기초, 토대 공사	방부목 2X4 (H4)	12 '	개	5							5	8,400	42,000
	방부목 2X8	12 '	개	9							9	14,500	130,500
	실실러 2X4	50 '	개	1							1	4,000	4,000
	실실러 2X8(2X6대체)	50 '	개	2							2	4,500	9,000
	구조재 2X4	16 '	개	12							12	6,720	80,640
	구조재 2X8	12 '	개	27							27	10,440	281,880
	스텐 J앙카	φ12 X 300mm	개	30							30	3,000	90,000
	스텐Set/웨지앙카	φ12 X 120mm	개	30							30	1,200	36,000
	기초, 토대공사 계												**674,020**
골조공사	통나무(더글러스퍼) 화신목재(032-888-7233)인천북항 (900원/재, 목재가격+상차료+부가세 포함)+100원(운반비)	12m*0.28m(290재)	봉			40					40	290,000	11,600,000
	구조재 2X4	16 '	개		2	38	90				130	6,720	873,600
	구조재 2X6	16 '	개			30			30		60	9,920	595,200
	구조재 2X8	18 '	개		2						2	15,660	31,320
	구조재 2X10	16 '	개				2				2	18,080	36,160
	구조재 2X10	18 '	개		18				85		103	20,340	2,095,020
	OSB (북미산)	4X8 '(2.97㎡)	장						55		55	15,000	825,000
	Zip sys(벽체용)	4X8 '(2.97㎡)	장				11				11	29,500	324,500
	Advan T&G	4X8 '(2.97㎡)	장		11						11	45,000	495,000
	타이벡	1.5X50m	롤	1							1	100,000	100,000
	타이벡 테잎	0.05X50m	롤						1		1	25,000	25,000
	빌딩테잎	4"X20m	롤			4					4	15,000	60,000
	글루(T&G용)		개		3						3	5,000	15,000
	후레싱(동, 일반형)	2m	개						35		35	3,000	105,000
	방수시트	0.9*10m	롤						17		17	21,000	357,000
	시멘트페이셔보드12'	285X3600m	장						13		13	20,000	260,000
	시멘트페이셔보드8'	210X3600m	장						6		6	12,000	72,000
	오버코트	트림/페이셔용	갤론						2		2	50,000	100,000
	타카핀	1010J/5000	소박스	1		1	1	0			3	3,000	9,000
	헤머타카핀		소박스	1		1	1	0			3	3,000	9,000
	건네일	HDG 83mm	박스		1		1		2		4	30,000	120,000
	건네일	HDG 65mm	박스		1				2		3	22,000	66,000
	건네일(스텐)	스텐 83mm	박스	1							1	150,000	150,000
	델타피스	32mm/1000	봉	1							1	6,000	6,000
	델타피스	50mm/500	봉	1							1	7,000	7,000
	델타피스	65mm/300	봉	1							1	8,000	8,000
	델타피스	75mm/300	봉	1							1	9,000	9,000
	델타피스	90mm/200	봉	1							1	10,000	10,000
	소달 저팽창 폼		개	5							5	10,000	50,000
	폼 크리너		개	1							1	10,000	10,000
	합판클립(PCL)		봉						1		1	10,000	10,000
	네일스톱(NS1)		개			50					50	350	17,500
	LUS210		개	14							14	1,100	15,400
	행거못		소박스	1							1	10,000	10,000
	골조공사 계												**18,476,700**
	기초,토대 + 골조공사 계												**19,150,720**
창호공사	3중(알파인)	<=창호종류 선택											
	8	AW 2020	개									429,000	
		FX 4040	개			3					3	324,000	972,000
		HV 3016	개			1					1	202,000	202,000
		HV 3030	개			2					2	286,000	572,000
		HV 4016	개			1					1	233,000	233,000
		HV 4040	개			3					3	403,000	1,209,000
		HV 5040	개			1					1	478,000	478,000
		HV 6050	개			1					1	654,000	654,000
		PD 6068	개			1					1	1,347,000	1,347,000
	창호공사 계												**5,667,000**
단열공사	단열재(다등급)	R-11 16"X8'(16장)	개			48					48	3,400	163,200
	단열재(나등급)	R-21 16"X8'(7장)	개				30	33			63	5,386	339,300
		R-32 16"X4'(9장)	개					198			198	5,111	1,012,000
	단열공사 계												**1,514,500**
	외부문												
	(실린더포함)												
	캡스톤 +	2868 RH	개									600,000	
		2868 LH	개									600,000	
	캡스톤 + 디지탈도어	3068 RH	개			1					1	1,500,000	1,500,000
	내부문	1000*2100	개									280,000	

구분	자재구분	규격1	단위	토대	바닥	외벽	내벽	천정	지붕&박공	데크	총계	단가	금액
	(경첩+실린더)	900*2100	개				1				1	240,000	240,000
		800*2100	개				1				1	200,000	200,000
		800*2000	개									200,000	
		700*2100	개				1				1	200,000	200,000
		1340*2100(3연)	개				1				1	750,000	750,000
		915*2032(L/P30)	개				2				2	140,000	280,000
	레프트 벤트		개						100		100	1,800	180,000
	릿지 벤트		개						8		8	13,000	104,000
	컨티뉴어스 벤트	60*2400mm	개									7,000	
	시나루버	.075*2.4*8 (1.44㎡/단)	개									80,000	
	시다각재	1*4 12'	개									10,000	
	제임스하디소핏(12)	6X305 12'	개									28,000	
	제임스하디소핏(16)	6X407 12'	개						27		27	28,000	756,000
	제임스하디소핏(24)	6X610 8'	개						30		30	30,000	900,000
	이중싱글	2.3㎡ / 팩	팩						70		70	21,000	1,470,000
	일반싱글	3㎡'(9.5m) / 팩	팩						3		3	22,000	66,000
	스텝후레싱	알미늄	개						78		78	1,000	78,000
	아쿠아디펜스	15kg	통				2				2	180,000	360,000
	마페테이프(오토실링)	12cm*50m	롤				1				1	130,000	130,000
	오토실링 인코너		개				8				8	10,000	80,000
	오토실링 아웃코너		개									10,000	
	물받이	3m	개						9		9	11,700	105,300
	물받이 브라켓		개						45		45	3,000	135,000
	연결		개						6		6	3,000	18,000
	유도		개						8		8	11,200	89,600
마감공사	선홈통	3m	개						10		10	10,900	109,000
	선홈통연결		개									1,500	
	선홈통앨보		개						16		16	2,800	44,800
	선홈통 타이		개						27		27	2,100	56,700
	아웃코너		개									7,800	
	인코너		개									7,800	
	마구리(좌우)		세트						5		5	5,000	25,000
	PVC 본드		개						3		3	9,000	27,000
	석고보드(일반3*6'/2겹)	3X6' 9.5T(2겹)	장									3,500	
	석고보드(일반4*8)	4X8'	장		10		22		35		67	8,500	569,500
	천연석고(수입)	4X8'	장									16,000	
	시멘트보드	4X8'	장									18,000	
	시멘트사이딩	210X3600m	장						45		45	3,800	171,000
	방부쫄대	1X2 12' (15개)	단									25,000	
	오버코트	갤론(3.75ℓ)	개			2			4		6	50,000	300,000
	계단판	300X35mm 12'	개									48,000	
	챌판	4X8'	장									50,000	
	손스침	12'	개						2		2	25,000	50,000
	대동자		개						3		3	20,000	60,000
	대동자(반쪽)		개									15,000	
	소동자		개						35		35	3,000	105,000
	접이사다리	600*1200	개						1		1	250,000	250,000
	우레탄바니쉬	반광 / 2.5L	통						1		1	110,000	110,000
	오일스테인(데크용)	건축주 지정 / 해당량	갤론									50,000	
	트림OUT(적삼목)	20X89mm 12'	개			30					30	8,000	240,000
	트림IN(방부목)	38X38mm 12'	개									4,000	
	문선몰딩	도어 틀 색 8'	개			3	16				19	2,500	47,500
	잼보드	스프러스 1X6 12'	개			20					20	9,000	180,000
	창문몰딩	사우더무절 12'	개									10,000	
	크라운몰딩	12 '	개									15,000	
	데코몰딩	12 '	개									9,000	
	계단몰딩	12 '	개									7,000	
	평몰딩	12 '	개									7,000	
	홍송루버	110X4200mm	팩									50,000	
	시다루버(현관천장)	.075*2.4*8 (1.44㎡/단)	단					3			3	80,000	240,000
	편백루버(거실천장)	.09*2.4*8 (1.7㎡/단)	단		20			60			80	80,000	6,400,000
	강화마루	㎡			70						70	15,500	1,085,000
	타카핀(스텐)	F30/5000	소박스						1		1	20,000	20,000
	타카핀	F30/5000	소박스									5,000	
	타카핀	F50/5000	소박스		1			1			2	5,000	10,000
	타카핀(실)	J630/10000	소박스								-	6,000	
	메거진 피스	32mm/1000	소박스		1		1		3		5	10,000	50,000
	오공본드		개		1		1		3		5	2,000	10,000
	마감공사 계												17,802,400
	전체공사 합계												44,808,640

14. 다양한 통나무집과 통나무집 인테리어 모음

1) 다양한 통나무집 모음

웅장함과 자연미가 있는 건축물로 자연과 일체감을 이루는 통나무집은 배경과 관계없이 독자적으로 빛이 난다. 더욱이 주변의 자연 분위기와 함께 어우러지면서 거칠고 투박한 남성미와 자연미가 물씬 풍기는 통나무집은 사람의 감성을 자극하기에 충분한 요소를 갖고 있다. 통나무집이 한 채 있으면 굳건해 보이고, 여러 채 모여 있으면 따뜻한 사람들의 마을 같이 느껴진다. 나무들이 만나 숲을 이루듯이 오두막집들이 만나서 마을을 이루고 살아가는 모습은 마치 동화 속 나라를 연상케 한다. 숲속의 나무와 숲, 호수와 흐르는 냇물, 새하얀 눈, 별과 달이 반짝이는 밤 등과 어우러져 더욱더 빛을 발하는 다양하고 아름다운 통나무집의 해외 사례를 소개한다.

(1) 나무, 숲과 통나무집

숲에서 살아온 인류는 나무와의 인연이 깊다. 그래서 인류가 가장 먼저 접할 수 있는 있었던 것도 흔하고 자연 친화적인 목재였다. 인류 역사의 초기부터 집을 지을 때 주변에 있는 재료들을 활용해 왔기에 목재의 이용은 매우 자연스러운 일이었다. 집은 가족의 안녕과 직접 관련이 있어 집 짓는 기술이 바로 생존과 직결되었다. 견고하면서도 외부와 연결이 쉬워야 하고, 편리하면서도 외부의 침입으로부터 안정적이어야 하는 숙제가 있었다. 통나무집은 어디에도 잘 어울리지만, 최초의 출발지인 숲과 가장 잘 어울리는 것은 나무와 숲이 떨어질 수 없는 관계인 이유다. 동화의 한 장면 같은 숲속의 통나무집은 강인한 인간애를 느끼게 한다. 그래서 더욱 아름다운 집, 통나무집이다.

1

2

3

4

1. 주위의 소나무 숲과 휘어진 길. 예술작품으로 자리 잡은 통나무집이 일품이다. 곡선과 직선이 둘이 아니라 하나로 만난다.
2. 사선으로 배치된 통나무집이 길과 만나 정확한 좌·우 병렬배치를 보여준다. 초록의 숲과 잔디와 어울려 더욱 빛나 보인다.
3. 넓은 공간 뒤로 수직으로 우직하게 서 있는 소나무 숲 배경, 마치 호위병이 통나무집을 감싸듯 아름다운 조화를 이룬다.
4. 크기와 모양이 같은 통나무집을 나란히 지어도 멋진 작품이 된다. 맞배지붕 경사면의 사각형과 합각 부분의 트러스 삼각형이 시선을 끈다.

1

2

3

4

5

6

1. 통나무집은 역시 나무의 본성 그대로다. 인간에게 헌신한 나무가 같은 자리에서 숲과 집이 되어 작품을 만든다.

2. 2층 구조의 통나무집이 쭉 뻗은 흰색 자작나무 숲과 어울려 색다른 분위기를 자아낸다.

3. 초록의 숲과 평원, 그리고 붉은 기와의 통나무집이 서로 보색대비를 이루며 더욱 돋보인다.

4. 웅장하면서도 현대적인 감각의 마치 성 같은 구조이다. 돌과 통나무의 만남이 하나가 되어 이채로운 분위기를 만든다.

5. 통나무를 쌓아 올린 것이 그대로 노출되어 있다. 결합형태가 그대로 드러난 통나무의 원시성이 단단해 보인다.

6. 단아하게 서 있는 통나무집, 특별한 꾸밈이 없어도 자연과 어울려 아름다운 집으로 충분하다.

1

2

3

4

5

6

1. 제 자리를 잡고 있으니 확고해 보인다. 좌우를 비대칭으로 만들어 시각적인 변화를 주었다.
2. 삼각형의 창문과 사각형 문의 조합으로 이루어진 외관, 푸른 잔디 위에 굳건하게 자리잡은 통나무집이다.
3. 시야가 확 트인 공간에 담대하게 자리 잡은 통나무집. 처마 끝과 포치에 세워진 다듬어지지 않은 도랑주가 예사롭지 않다.
4. 시원하면서도 안정되고, 대담하면서도 활달해 보인다. 집주인의 멋과 풍류가 느껴진다.
5. 좌·우 대칭을 이루며 중앙의 높게 치켜 올린 지붕으로 개방감과 시원함이 부각된 집이다.
6. 산을 끼고 산에 기대서 있어 편안하다. 돌과 통나무를 층별로 달리 사용한 까닭에 말끔하고 하부는 더욱 안정되어 보인다.

1

2

3

4

5

6

1. 경사지를 이용해 전면만 개방되어 있다. 지붕 면을 나누고 경사도를 달리하여 단조롭지 않은 변화로 외관미를 높였다.

2. 독립심을 자랑이라도 하듯 우뚝 서 있는 모습이 당당해 보인다. 같은 통나무주택 단지 내에 지어진 유사한 형태의 또 다른 통나무집이다.

3. 직선으로는 아쉬움이 남아 돌출된 노치 부분의 통나무 길이를 달리해 곡선으로 디자인 커트를 하니 한결 부드러운 느낌이 더해졌다.

4. 지붕 위에 나란히 돌출된 뻐꾸기 창문이 마치 의좋은 형제 같다. 통나무집 외벽에 밝은 톤의 도료를 칠해 주변과 조화를 이룬 색다른 분위기다.

5. 말 그대로 푸른 초원 위에 그림 같은 집이다. 자연 그대로의 경사지를 이용해 형성된 아름다운 스위스 전원마을에 들어선 한 통나무주택이다.

6. 집 뒤에 펼쳐진 배경이 예사롭지 않다. 강인함이 느껴지는 산과 지붕 라인이 합세하여 더욱 남성적인 에너지를 던지는 대자연의 아름다운 조화다.

1. 구름이 집 높이에서 머무는 곳에 지어진 통나무집. 자연에 산다는 말이 저절로 실감 나게 하는 집이다.
2. 멀리 설산이 있고 그 아래 눈이 녹은 초록빛 산에 마을이 아름답게 펼쳐져 있다.
   야생화가 만발한 주변의 아름다운 환경을 오롯이 차지한 통나무집은 홀로 있어도 외로워 보이지 않는다.
3. 그려놓은 듯한 푸른빛 하늘과 대자연의 숨결, 좀 더 가까이 다가가기 위해 2층에 테라스를 내어 만든 집이다.

(2) 물과 통나무집

물은 자연을 꿈꾸게 한다. 호수에 비친 하늘과 숲과 집은 서로 의지하며 더욱 빛을 발한다. 어느 하나가 빠지면 오히려 허전하다. 물은 자연을 풍요롭게 하고, 넉넉하게 하며, 아름답게 키워준다. 물이 있으므로 풍광이 살아나고 끊임없는 생명력이 분출한다. 하늘로부터 내리는 비는 그래서 생명의 원천이다. 비가 내려 숲을 만들고 흐르는 시내와 강물을 만든다. 한 곳에 고인 물은 호수를 만들어 생명이 살 수 있는 기반을 마련해준다. 통나무집은 자연과의 호흡이 숙명적으로 어울리는 집이다.

그래서 숲과 호수가 있는 풍광을 끌어안고 지어진 통나무집의 모습은 더욱 완성된 아름다운 그림처럼 우리에게 다가온다. 집이 있어야 하는 사람은 천지인(天地人)이다. 하늘과 땅과 사람이 하나의 완성체가 되어 자리 잡았을 때 아름다움은 스스로 발한다. 하늘로부터 비가 내려 대지를 적시고, 그 대지에 나무와 풀이 자라 숲을 이루고 또 그곳에 사람이 터를 마련하여 정착하면서 인류는 진정 정착민으로서 자리를 잡게 된다. 물에 비친 자연물로서의 통나무집은 산자를 더욱 살아있게 하는 힘이다.

1

2

3

4

5

6

1. 하늘과 물이 만나는 곳에 사람이 살고 있다. 집과 사람이 함께 꿈을 꾸는 곳이다.
2. 고불고불한 아름다운 냇물이 있어 더욱 정감 있고 빛이 난다. 동태와 정지태가 어우러져 선경을 이룬 집이다.
3. 통나무집이 그대로 물에 투영되어 마치 동화 속의 집을 연상케 하는 아름다운 집의 풍광이다.
4. 두 채의 쌍둥이 통나무집 앞에 호수가 있다. 정착한 사람의 마음을 달래기라도 하듯 호수는 고요하고 평화롭기만 하다.
5. 나무와 산과 하늘의 구름이 모두 물 안에서 다시 태어났다. 집이 호수의 꿈을 이루어 낸 모습이다.
6. 같은 모양, 같은 크기의 집들이 나란히 줄지어 군락을 이루고 있다. 호수에 비쳐 반영되니 두 개의 마을이 된듯 하다.

(3) 눈과 통나무집

통나무집을 건축학적으로 발전시킨 곳은 북미와 북유럽이다. 풍부한 나무, 추운 날씨 그리고 장인정신이 어우러진 결과다. 추운 겨울 날씨는 허술하게 지은 통나무집을 용납하지 않는다. 정교하고 치밀한 기술로 발전되어 가는 조건이 되었다. 보온을 위하여 단열이 필요했고, 눈이 많이 내려 지붕이 내려앉을 수 있는 것을 고려해서 지어야 했다. 눈이 많이 오는 지방의 지붕의 각도는 날카롭다. 눈이 내리면 쌓이지 않고 흘러내리도록 만들어졌기 때문이다. 목재를 가공하는 제재기술과 공구들이 발달하면서 다양한 형태의 상당히 완성도 높은 통나무집들이 지어졌다. 구조적인 면이나 미학적인 면에서도 발달했다. 힘찬 모습의 원통형의 기둥과 벽체가 주는 부드러우면서도 강인함에 소복이 쌓인 눈을 대비시키면 탄성이 절로 나온다. 영화나 그림으로 보았던 따뜻한 집의 전형을 볼 수 있다. 통나무집과 눈은 환상적인 조화를 만들어낸다. 눈이 내리는 날에 원근을 저울질하는 듯이 통나무집이 보이고 불빛은 오히려 따뜻해서 동화 속의 마을 같다. 자연이 품은 통나무집이 동화의 나라로 안내한다.

1

2

3

1. 설산과 숲. 그리고 숲속의 통나무집. 물을 만나 자연과 더 깊은 관계가 되었다.
2. 물에 바짝 다가서서 집을 지었다. 물과 만나고 싶은 마음을 읽을 수 있다. 옥색의 물빛이 신비롭기까지 하다.
3. 산에 눈이 내리면 집은 더 따뜻해지고 나무집은 따뜻함을 더해 정착한 사람에게 행복감을 선물한다.
4. 환상적인 통나무집의 설경, 집이 이토록 아름다울 수 있는가! 시인의 본능적인 감성을 자극하기에 충분한 아름다운 집이다.
5. 눈 속에 묻힌 집은 소박해도 넉넉하게 느껴진다.

4

5

1

1. 눈이 내린 날에도 별은 하늘에 수 없는 원을 그린다. 북극성이 중심에서
   자리를 옮기지 않듯 정주한 사람은 별빛만큼 불빛이 따뜻하고 고맙다.
2. 눈이 내린 고요한 설원 마을의 통나무집들, 푸른 쪽빛의 하늘과 새하얀
   눈으로 장식된 집에는 사랑으로 채워진 따뜻한 사람들이 산다.
3. 눈이 많이 내리는 겨울을 견뎌내기 위해 통나무집을 짓고 서로 의지하며
   옹기종기 모여 사는 설원 마을의 풍경이다.
4. 눈이 내리면 집에 켜진 불빛은 더욱 따뜻하게 느껴져 사람의 마음을
   훈훈하게 덥혀준다.

2

3

4

(4) 밤과 통나무집

어둠은 빛에 의해서 확인된다. 어둠이 깊을수록 별은 빛나고, 인간이 만든 불빛은 환상의 세계로 안내한다. 하늘에 있는 것들은 어둠이 찾아와야 비로소 모습을 드러낸다. 달과 별, 달빛과 별빛, 땅과 하늘을 가르는 지평선과 산 능선은 하나의 선으로만 존재한다. 두 개의 빛만이 존재한다. 진하고 옅은 어둠의 깊이만 세상을 다르게 나눈다.

하지만, 지금은 다르다. 조명이 세상을 연출한다. 색감을 연출하기에 따라 밤이 낮보다 더 아름다울 수 있다. 태양광은 인간이 느끼는 색이자 모든 빛의 근원이다. 이 태양광이 사라진 밤에 인공 빛인 조명이 밤을 화려하게 수 놓으며 변화를 끌어낸다. 자연의 빛과 인공 빛이 어우러지면서 밤, 그 속에서 더욱 빛나고 아름답게 보이는 밤의 통나무집을 소개한다.

1

2

3

1. 따뜻한 불빛은 사람을 안심시키고 사람에게 생기를 불어넣는다.
2. 사람을 기다리고 있을 때 밖에 불을 켜 놓는다. 불이 켜져 있으면 집을 찾아가는 사람의 마음이 포근해진다.
3. 불빛이 별빛보다 아름다울 때가 있다. 사람이 있는 것을 확인시켜 줄 때다. 별빛과 불빛이 함께 빛나는 밤의 전경이다.

1

2

3

4

5

6

1. 차분하게 가라앉은 불빛으로 변신한 또 다른 분위기의 통나무집이다.

2. 대칭 구조의 단순미가 돋보이는 구조에 불빛으로 실내는 대낮의 생기를 찾았다.

3. 불빛도 저마다의 개성이 나타난다. 통나무집과 전등 불빛의 색감이 조화를 이룬 은은하고 부드러운 조명이다.

4. 화려한 조명으로 외벽을 장식하여 집이 어두운 밤에 주변을 밝게 해준다. 이웃을 배려하는 주인의 마음을 읽을 수 있다.

5. 호숫가에 지어진 통나무집의 야경은 물에 비쳐 더욱 환상이다. 밤이 이토록 아름다울 수 있다는 것은 조명이 우리에게 주는 큰 선물이다.

6. 은은한 불빛의 외등과 안에는 새어 나오는 따뜻한 불빛이 말끔하게 잘 지은 통나무집에 아름다운 신비감을 더한다.

1

1. 동화 속 집이 딴 곳에 있지 않다. 전등 빛과 초승달이 하나로 빛나는 밤에 눈까지 내리는 통나무집의 아름다운 야경이다.
2. 같은 조명으로 마을을 불야성으로 만든 통나무주택 단지의 화려한 밤의 변신이다. 빛으로 마을 전체를 하나로 통합하였다.

2

2) 통나무집의 다양한 인테리어

통나무집의 모양은 원통형으로부터 시작되었다. 원통형은 새나 동물들의 둥지 모양에서도 보이듯이 단순하면서 친근감이 드는 선형이다. 집의 바닥면적을 넓히기 위해서 원형은 사각형으로 발전했고, 당연히 기둥과 보가 출현했다. 더 넓은 집을 만들기 위해 집을 직사각형 모양으로 길이를 늘여가는 방법으로 발전했다.

통나무집은 구조물을 그대로 노출한다. 자연재료라서 아름답고 색감이 좋으며 촉감도 부드러워 숨길 필요가 없다. 그래서 구조물과 재료 자체가 인테리어 역할을 한다. 통나무집에서 단연 돋보이는 것은 나무의 색감과 향이다. 현대적인 기계를 들여놔도 따라올 수 없는 인테리어는 자연 그대로 나무가 가진 천연성이다. 사람을 평온하게 하는 능력을 갖춘 것이 나무의 본성이다.

1. 나무가 정복한 세상은 따뜻하고 평화롭다.
2. 벽난로의 회색을 제외하고는 모두가 따뜻한 온기를 전해주는 거실 전경이다.

1

2

1

2

3

4

5

6

1. 스퀘어 로그를 사용해 전체적으로 부드러우면서 깔끔한 현대적인 감각이 더해진 인테리어이다.
2. 실내는 나무의 속살이 그대로 드러나고 창밖의 살아있는 초록과 만나서 자연스러운 조화를 이룬다.
3. 통나무집은 장엄하면서도 육중한 멋을 낼 수 있고 아늑한 분위기를 연출할 수도 있다.
4. 자연목 그대로인 긴 직선계단이 분위기를 주도한다. 다락 침실을 오르내리는 견고한 통나무 계단이다.
5. 난방을 위한 공간을 제외하고는 모두 나무로 만들었다. 의자, 장식소품 하나까지도 통나무로 만들어 조화롭게 꾸몄다.
6. 통나무가 주재료인 실내장식에 돌벽난로와 바닥의 카펫으로 변화있는 분위기를 연출하였다.

1

2

3

4

5

6

1. 서까래를 노출한 수평과 수직이 만나는 공간을 연출하고 비슷한 톤으로 색상을 맞추어 온화한 분위기를 연출한 인테리어다.

2. 흡사 나무 전시관을 방출케 한다. 비틀어지고 모난 나무를 그대로 사용하는 대담함과 연결 부분을 잘 노출하여 장식 효과를 극대화했다.

3. 깔끔하고 세련된 멋으로 모던함이 더 강조된 따뜻하고 온화한 분위기의 주방이다.

4. 나무와 철재를 접목해 전통적인 감각을 실었다. 자연스러운 나뭇결과 육중한 통나무의 느낌이 잘 드러난 식당공간이다.

5. 제 자리를 찾아 일목요연하게 정돈된 넓은 주방과 식당이다.

6. 자연 그대로의 무늬를 간직한 질감이 살아 있는 원형 통나무로 개구부를 만들고 디자인 커트하여 예술적인 조형미를 살렸다.

1

2

3

4

5

6

1. 나무의 멋은 그대로 살리고 씽크대 하부장 상판과 아일랜드 식탁만 돌과 대리석을 접목해 이용의 편리성을 추구한 주방이다.
2. 주방은 통나무의 자연미를 그대로 살리되 물이 많이 닿는 곳은 나무의 취약점을 보완해 대리석 등을 사용하는 인테리어가 보편적이다.
3. 많은 수납공간이 필요한 주방에 아일랜드 테이블을 배치하여 동선의 긴밀성과 편리함을 고려한 여유로움이 느껴지는 넉넉한 주방이다.
4. 집주인의 성향이 잘 드러난 미술관의 한 부분 같이 잘 꾸며진 욕실이다.
5. 나무의 거친 질감이 느껴지는 색다른 분위기의 욕실. 욕조가 놓인 벽체는 돌을 쌓아 인테리어의 멋과 실용성을 더하였다.
6. 나무의 생긴 모양을 그대로 잘 다듬어 만든 침대가 돋보인다. 나무의 따뜻함이 전해져 더욱 온화하게 느껴지는 침실이다.

CHAPTER

2 통나무집 만들기

2 통나무집 만들기

1. 조적 방식의 통나무집 만들기

조적 방식은 통나무를 옆으로 쌓아서 벽체를 만드는 방식으로 통나무 벽체를 쌓을 때는 전체적으로 정해진 원칙에 의해 통나무를 조적한다.

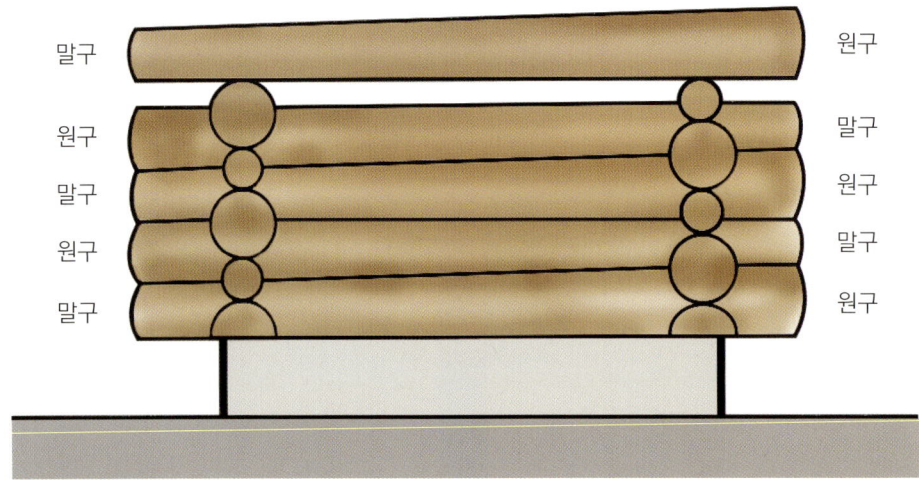

01. 통나무를 쌓을 때는 뿌리 쪽인 원구와 가지 쪽인 말구를 교대로 쌓아 짝수 단에서 전체 높이가 수평이 되게 한다. 하지만 상황에 따라서는 원구와 말구를 바꿀 수도 있다. 원목을 살 때 같은 굵기의 나무를 골라 샀더라도 나무가 공업 규격품이 아닌 만큼 굵기가 일정하지 않으며, 굵기에 따라 사용할 위치를 정해야 한다.

02. 보유하고 있는 통나무 중 가장 굵은 것을 실로그로, 두 번째 굵은 것은 하프로그로 사용한다. 그리고 나머지 중에서 굵은 것을 들보와 주도리에 사용한다. 하프로그와 실로그는 통나무집

의 안정성을 높이기 위해 기초와의 접합면을 넓게 해 준다. 지붕 구조의 기둥이나 트러스가 설치되는 들보, 지붕물매에 따라 면을 깎아 주어야 하는 주도리도 어느 정도 굵기가 돼야 한다.

03. 나머지 통나무를 사용할 때는 굵은 것-가는 것-굵은 것의 순서로 사용한다. 굵은 순서대로만 통나무를 사용하면 벽체 시공 시 가장 가는 통나무 위에 굵은 들보가 위치하게 돼 전체적으로 균형이 맞지 않게 된다. 조적방식은 원구와 말구를 교대로 쌓는 것으로 외형적으로 노출되진 않지만, 통나무를 선별하는 사람은 이 원칙을 지켜야 한다.

04. 나뭇결이 꼬인 통나무일 경우, 원구에서 봤을 때 왼쪽으로 심하게 꼬인 좌선회목리는 하프로그에만 사용하고, 왼쪽으로 완만하게 꼬인 통나무와 오른쪽으로 심하게 꼬인 우선회목리 통나무는 벽체의 1/4 이하에만 사용한다. 오른쪽으로 완만하게 꼬인 통나무는 벽체의 최상단을 제외한 모든 벽체에 사용할 수 있다. 최상단 벽체는 반드시 나뭇결이 곧은 통나무를 사용한다. 오른쪽으로 꼬인 우선회목리에 비해 왼쪽으로 꼬인 좌선회목리가 건조 시 변형이 많이 일어나고, 수축하면 강도가 현저히 약해진다. 그 때문에 2층의 하중을 지탱하는 보 같은 곳에는 좌선회목리를 사용하지 않는다. 나뭇결은 통나무가 갈라지는 틈새의 방향을 보면 알 수 있다.

05. 나무는 자연 상태에서 태양과 바람 방향, 기타 여러 가지 이유로 조금씩 휘어지게 된다. 휘어진 통나무를 사용할 때는 휘어진 부분이 옆으로 가게 해 나무가 수평이 되도록 한다. 그래야 받을장과 옆을장이 평행을 이뤄 작업이 쉬워진다. 실내 공간을 최대한 확보하기 위해 휘어진 방향을 바깥쪽으로 보내는 것이 보통이나, 비에 노출되는 처마벽 벽체의 경우 내구성이 높은 부분이 밖으로 가게 하고자 휘어진 부분을 실내 쪽으로 보낸다. 어떤 방법이든 한번 결정된 사항은 전체 벽체를 통해 일관성 있게 지켜야 한다.

06. 벽체에 통나무를 올려놓을 때는 하프로그와 실로그의 중심선에 놓는다. 중심선은 옆을장의 단면을 2등분 한 지점이 아니라, 통나무 전체의 무게 중심을 반으로 나눈 지점을 말한다. 단순히 단면을 2등분 한 지점을 벽체 중심선으로 잡으면 심하게 휘어진 통나무일 경우 벽체 중간 지점에서 받을장이 벗어난 공간에 있을 수 있다. 1차 러프커트가 끝나면 받을장의 벽체 중심선을 옆을장의 단면에 연장해 긋는다. 이 선은 벽체의 최상부까지 연장된다. 이 벽체 중심선을 기준으로 벽체를 수직으로 쌓아 간다. 그 때문에 벽체 중심선은 단면의 중심과 관계없이 지나가게 된다. 어떤 중심선은 단면 중심의 오른쪽 또는 왼쪽으로 치우치게 돼 작업이 끝난 뒤 통나무집의 단면을 보면 일직선이 아닌 상태로 조적된 것처럼 보이는데 이것이 정상이다.

1) 가기초의 설치

우선 하프로그와 실로그를 만든 다음 가기초를 만든다. 가기초를 설치하는 장소는 전체적으로 땅이 평탄하고 단단한 곳으로 한다. 가기초는 노치가 오는 곳에 모두 설치하고 노치와 노치 사이에는 약 2m에 하나씩 설치한다.

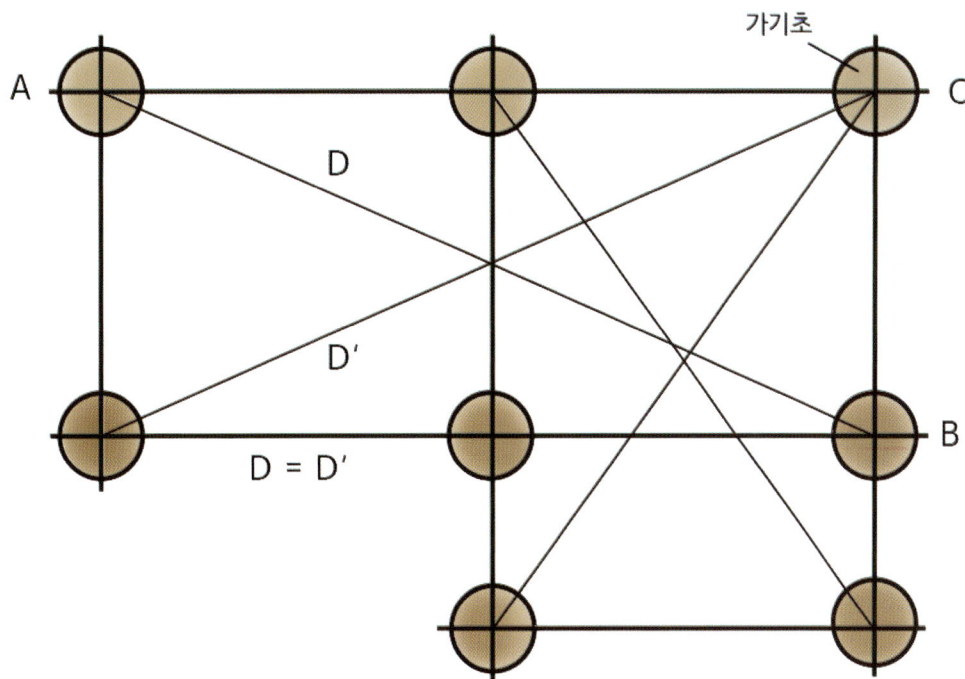

가기초는 벽체 작업의 중요한 기준이므로 설계도대로 대각 거리를 정확히 산출해야 하며 직각을 잘 잡아야 한다. 대각 거리의 산출은 피타고라스의 정리를 이용한다. 피타고라스의 정리는 통나무집을 지을 때 아주 유용하게 사용하는 공식이다. 기초의 직사각형을 찾는 것뿐만 아니라 지붕물매를 계산하고 트러스를 만들 때도 필요하다.

1. 피타고라스의 정리를 이용해 설계도대로 기초의 중심점을 찾아 사방에 표시해 둔다.
2. 연약 지반이나 성토한 땅은 단단한 땅이 나올 때까지 파고 자갈을 채워 넣고 다져서 가기초를 세우는 것이 좋다.
3. 표시한 자리에 50~60cm 정도 되는 통나무 토막을 표시선 중앙에 놓고 해머로 쳐서 안정한다.
4. 모든 가기초에 통나무 토막을 설치하고 나면 기준점을 정하고. 물수평기를 이용해 가기초에 수평 점을 두 군데 찾는다.
5. 직각박스나 직각자를 이용해 수평 점을 서로 연결해 절단선을 그린다.
6. 먹줄로 그린 선을 남기면서 정확하게 절단한다. 이때는 바가 휘어지지 않은 톱날을 사용해야 정확히 절단할 수 있다.

1

2

3

1. 가기초 위에 하프로그가 잘 놓이도록 중앙을 오목하게 파고 모든 가기초의 높이가 같은지 확인한다.
2. 가기초 위에 설계도의 치수를 표시한다. 정확히 직각을 만들고 표시한 중심점에 모두 먹줄을 친다.
3. 하프로그와 실로그의 중심점과 가기초를 서로 맞추기 위한 표시선을 통나무의 가기초 옆면에 연장해 표시한다.

2) 하프로그와 실로그의 설치

하프로그와 실로그는 통나무 벽체의 기초가 되는 단이다. 설계도 치수대로 정밀하게 설치한다. 하프로그와 실로그 작업은 벽체 조적 과정에서 계속 반복된다.

1

2

1. 하프로그와 실로그의 가공이 끝나고 가기초가 완성되면 그 위에 하프로그를 설치한다. 이때 통나무의 원구가 같은 방향에 오도록 한다.
2. 하프로그의 설치는 절단면에 그려 놓은 십자 모양과 가기초 단면에 그려 놓은 십자 모양이 일치되게 한다. 가기초가 움직이지 않도록 주의한다.

1

2

3

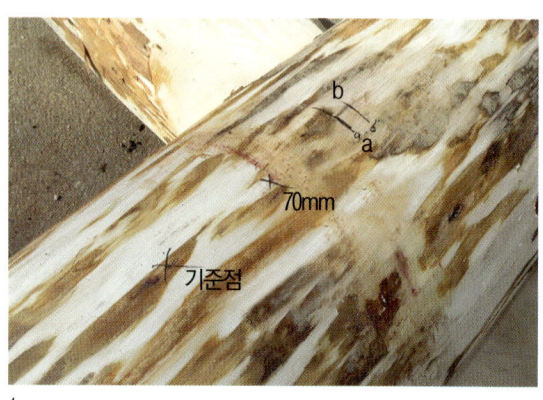
4

1. 도면 치수대로 실로그를 하프로그 위에 올려놓는다. 실로그도 원구의 방향을 통일한다. 통나무집 정면에 실로그의 원구가 와야 안정감이 있다.

2. 실로그의 절단면에 수평계를 대고 쐐기로 수평을 맞춘다.

3. 가상의 기초선과 평형이 되게 하려고 1차 러프 작업을 한다. 각 노치의 높이에서 70mm를 뺀 폭을 스크라이버의 폭으로 한다.

4. 스크라이빙 폭을 자로 재지 않고 통나무 등 쪽에 기준점을 정해 각 노치의 스크라이빙 폭을 그린다. 70mm 뺀 위치에서 스크라이버로 폭을 측정한다.

(1) 프럼보드(plumb board)의 설치

아래 놓이는 통나무인 받을장과 위에 놓는 통나무인 엎을장을 노치나 그루브로 완벽하게 밀착시키기 위해선 받을장의 모양을 정확히 엎을장에 옮겨 그려야 한다. 원목의 모양을 정확하게 옮겨 그리는 도구가 스크라이버로 이것을 정확하게 이용하기 위해 프럼보드를 만든다.

1

2

3

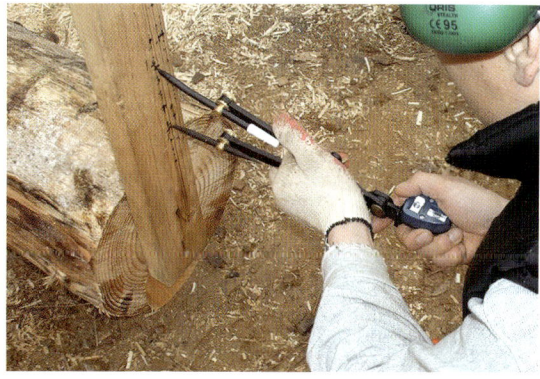

4

1. 움직이지 않는 통나무 단면에 프럼보드로 사용할 판을 대충 수직을 맞추어 고정한다.
2. 이 판이 수직이 되도록 쐐기로 정확하게 고정한다.
3. 수평계를 이용해 수직으로 고정한 판에 수직선을 그어 연직선이 되게 한다. 프럼보드의 연직선은 작업을 시작할 때 매일 새로 긋는 것이 좋다.
4. 이 연직선에 스크라이버의 두 침을 대고 물수평기가 정중앙에 오도록 수평을 조정한 후, 스크라이빙 작업을 해야 받을장의 모양이 그대로 엎을장에 그려진다.

(2) 실로그의 스크라이빙과 절단

스크라이버의 폭에서 70mm를 뺀 수치로 스크라이빙 폭을 잡고 연직선에 스크라이버의 두 침을 대고 물수평기가 중앙에 오도록 조정한 후 스크라이빙을 한다. 늘 프럼보드를 이용해 스크라이버를 조정한 후 사용한다.

1차 러프 스크라이빙과 러프커트를 하는 이유는 아래에 있는 면과 전체적으로 수평이 되게 해 다음 2차 파이널 스크라이빙 작업을 쉽게 하기 위함이다. 실로그에서는 기초선과 수평이 돼야 하고, 2단째 통나무 벽체부터는 받을장과 평행이 되어야 한다. 그래서 높이와 관련이 있는 역사다리꼴의 밑면 선만 정확히 지키면 된다. 절단선(옆선)을 스크라이빙 선대로 정확히 절단하면 엎을장 통나무가 받을장 통나무에 쐐기처럼 끼여서 원하는 위치로 움직일 수 없다. 위치 조정이 쉽도록 약 2cm의 공간을 두고 판다. 이 틈은 2차 스크라이빙을 통해서 자연스럽게 제거된다.

러프커트가 끝났으면 천천히 실로그를 돌려놓는다. 각 노치 부분의 높이를 다시 확인해 같은 나무에 있는 노치의 높이가 서로 같은지 확인한다. 약간의 오차가 있으면 쐐기를 이용해 같은 높이로 조정한다. 모든 노치의 확인이 끝났으면 다시 한번 실로그 밑면의 수평을 확인하고 실로그의 중심선을 하프로그 중심선에 맞춘다.

이때 잊지 말고 프럼보드에서 스크라이버의 수평을 조정한 후 스크라이빙을 한다. 스크라이빙 선대로 절단하기를 잘못하면 노치가 맞지 않고 틈이 생길 수 있으니 파이널 작업은 정확하게 해야 한다.

1

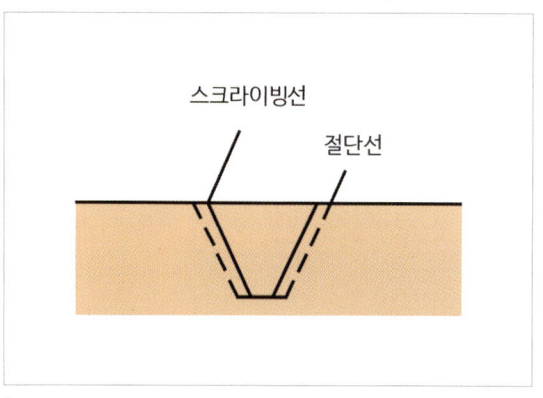

2

3

4

5

6

7

8

1. 통나무에 양 끝이 닿은 상태에서 45° 각도로 움직여야 쉽게 그릴 수 있다. 그릴 때 반은 위에서 밑으로 다른 반은 밑에서 위로 그린다.

2. 실로그의 절단면이 수평이 되게 고정한 후, 엔진톱으로 따낸다.

3. 역사다리꼴의 옆선인 노치 바깥쪽으로 톱을 넣어 스크라이빙 선보다 1cm 정도 넓게 파고 릴리프커트도 한다.

4. 대칭되는 노치의 폭이 같아졌으면 그 폭에서 5mm를 뺀 수치를 파이널 스크라이빙 폭으로 정하고 스크라이빙을 한다.

5. 한 점을 정해 받을장 스카프에 스크라이빙 선의 표시점과 수직이 되는 표시점을 표시한다.

6. 스크라이빙이 끝나면 스크라이빙 선의 정점에서 12mm 정도 아래쪽을 스카프 하단으로 해 스카프를 그린다.

7. 실로그를 뒤집어 고정한 후, 스크라이빙 선을 따라 스코어링을 한다. 2~3mm 깊이로 끊어 주고 노치의 정점은 1cm 정도 더 판다.

8. 노치를 가공한다. 엔진톱의 자세한 사용법은 벽체를 쌓는 부분에서 구체적으로 다루기로 한다.

9. 노치의 가공이 끝났으면 스카프를 가공한다.

10. 받을장과 옆을장 통나무의 표시점을 서로 일치하게 한다. 노치가 정확하게 결합하는지 확인하고, 실로그의 밑면의 중심선과 기초의 중심선도 맞는지 확인한다.

9

10

(3) 1차 러프 작업

러프 작업의 목적은 하단과 상단 통나무의 평행을 맞추는 것이다. 1차 러프 작업은 러프 스크라이빙(rough scribing)과 러프커트(rough cut)로 구성된다. 받을장과 원구와 말구가 반대가 되도록 통나무를 설치한다. 이 상태에서는 통나무의 휘어진 방향이 옆으로 가게 해서 받을장과 엎을장이 거의 평행이 되게 하는 것이 원칙이다.

1

2

3

4

1. 통나무의 휘어진 쪽이 안이나 밖으로 가게 해 벽체 중심선에 엎을장과 전체 무게 중심을 맞춘다. 정확한 위치 선정은 1차 러프커트 후에 한다.
2. 작은 돌이나 로그 독, 꺾쇠 등을 사용해 통나무를 고정한다. 정확한 세팅은 러프커트 후 통나무를 안정적으로 움직일 수 있을 때 한다.
3. 스크라이버를 이용해 각 노치 부분의 받을장과 엎을장 간격을 잰다. 이 폭을 통나무에 표시한 후, 70mm를 뺀 지점에서 1차 러프 스크라이버의 폭을 정한다.
4. 정해진 폭으로 스크라이버를 세팅한 후, 프럼보드를 이용해 물수평기로 수평을 맞춘다. 익숙해지면 1차 러프 스크라이빙은 스크라이버를 세팅하지 않고도 할 수 있다.

5

6

7

8

9

10

5. 각 노치에 스크라이빙을 한다. 스크라이빙을 할 때는 스크라이버의 물수평기에 손이 닿지 않도록 스크라이버를 가볍게 감싸고 그린다.

6. 모든 노치의 스크라이빙이 끝나면 통나무를 뒤집어 엔진톱으로 러프커트를 한다. 옆선은 스크라이빙 선의 바깥쪽으로 톱날을 넣고 여유 있게 딴다.

7. 로그엔드는 적당한 길이로 절단하는데, 최소 20cm 이상은 남긴다. 로그엔드에 디자인 커트를 할 계획이 있으면 모양에 맞게 미리 길이를 정해 둔다.

8. 옆을장의 전체 무게 중심을 받을장 벽체의 중심선에 맞춘다.

9. 기초에서부터 연장되어 온 벽체 중심선을 받을장의 단면에 연장해서 긋는다.

10. 중심선을 연결하는 먹줄을 통나무 등 쪽에 친다. 이것으로 1차 러프 작업은 끝난다.

1차 러프커트 시 주의 사항

1차 러프커트는 대개 통나무 벽체 위에서 작업한다. 이때 엔진톱 작업 중에 쌓인 톱밥을 밟으면 미끄러져 떨어질 염려가 있기에 절단이 끝나면 반드시 받을장 위에 쌓인 톱밥을 청소한 후 움직인다.

(4) 2차 파이널 작업

2차 파이널 작업의 목적은 받을장과 엎을장 통나무를 빈틈없이 결합하는 것으로 파이널 스크라이빙(final scribing)과 파이널 커트(final cut)로 구성한다. 파이널 스크라이빙은 받을장의 형태를 엎을장에 옮겨 그리는 것이며 파이널 커트는 엔진톱으로 파이널 스크라이빙 선을 자르는 것이다.

1

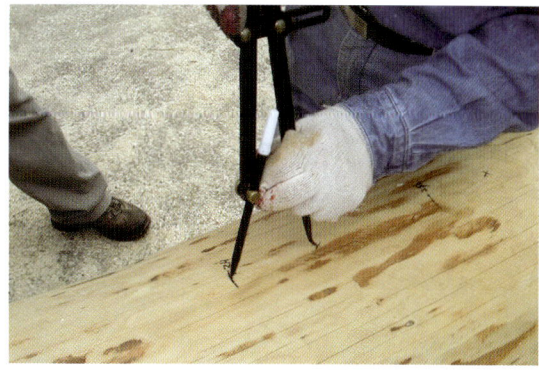

2

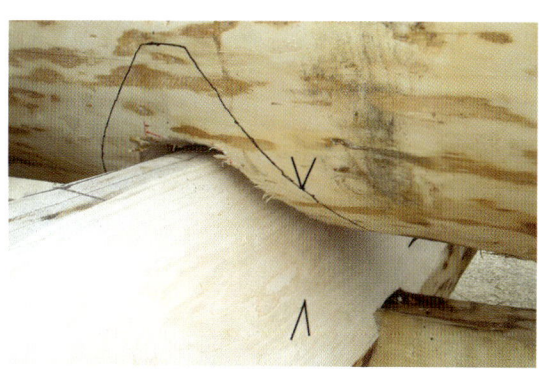

3

4

1. 노치의 파이널 스크라이빙 폭을 정하기 위해 실내 쪽에서 통나무 사이가 가장 넓은 와이디스트 포인트(widest point)를 찾는다.
2. 와이디스트 포인트에 5mm를 더한 폭으로 노치 부분만 스크라이빙 한다. 이 폭을 통나무 조각 같은 곳에 옮겨 놓는다.
3. 수평을 맞춘 후 스크라이빙을 시작한다. 스크라이버의 각도는 통나무에 대해 45°를 유지해야 스크라이빙 선이 만나는 곳에 고저 차가 생기지 않는다.
4. 노치의 스크라이빙이 끝나면 노치 한쪽 스크라이빙 선에 V 점을 표시하고 이 표시에 대칭되는 지점의 받을장에도 V 점을 표시한다.

TIP 05 릴리프커트(relief cut)

파이널 스크라이빙 시 엎을장 통나무가 반 이하로 남았을 때 스크라이버의 아래쪽 침이 엎을장에 먼저 닿아 스크라이빙이 되지 않는다. 이것을 방지하기 위해 러프커트할 때 노치 정점의 양쪽 가장자리를 조금 파둔다.

5

6

7

8

5. 실내 쪽 그루브의 스크라이빙 폭은 노치의 스크라이빙 폭에 5mm를 더한 것으로 한다. 노치는 결합하고 그루브는 약간 뜨게 만들기 위해서다.

6. 그루브에 스크라이빙을 할 때는 두 침이 나무에 닿는지 확인하면서 스크라이버를 진행 방향으로 45°정도 유지하면서 그린다.

7. 로그엔드의 스크라이빙 폭은 그루브의 스크라이빙 폭에 5mm를 더한 수치로 한다. 이는 실내가 더 빨리 수축해도 문제가 없도록 미리 띄워 두는 것이다.

8. 통나무 단면에도 스크라이빙을 한다. 로그엔드가 아래쪽 통나무보다 짧을 경우, 비슷한 통나무 조각을 대서라도 가능하면 정밀하게 그린다.

오버행의 처리

노치를 스크라이빙 하기 전에 스크라이빙 폭이 받을장 스카프의 하단을 벗어나는지 확인한다. 만일 스크라이빙의 폭이 스카프를 벗어나면 엎을장의 노치가 집게 모양이 돼 받을장과 쉽게 결합하지 않는 오버행(overhang) 현상이 일어난다. 이때는 오버행 된 부분을 끌이나 도끼로 제거하고 스카프의 표면에 요철이 생기지 않도록 스카프의 경사대로 만든다.

(5) 2차 파이널 커트

파이널 커트는 벽체에서 통나무를 내려 지상 작업대에서 안전하게 작업하는 것이 좋다. 이 작업으로 생기는 선이 모든 벽체에 노출되는 선이기에 신중하게 작업한다.

노치의 절단

1

2

3

4

1. 스크라이빙 선이 위로 오게 통나무를 고정한 후, 나무의 섬유질 조직을 끊어 주는 스코어링(scoring)을 한다.
2. 스코어링을 할 때는 노치 스크라이빙 선의 정점을 12mm 정도 더 연장해 그린다. 이는 노치가 쐐기처럼 파고 들어가게 하려고 여유 공간을 두는 것이다
3. 노치의 양쪽 선에 톱날을 넣어 스코어링한 선의 안쪽 1~2mm 정도 되는 곳에 톱날이 지나가게 절단한다.
4. 절단된 통나무 토막을 바나 망치로 제거한다. 절단된 모양이 사발 모양이면 가장 이상적인 형태다.

TIP 06 스카프(scarf)

스크라이빙이 끝나면 노치의 정점에서 12mm 정도 내려온 곳을 스카프 하단으로 하고, 중심선에서 25mm씩 50mm를 남긴 지점을 상단으로 삼아 양쪽에 스카프를 그린다. 12mm는 서로 겹치는 폭이다. 전체 스카프의 길이는 80~100mm로 한다.

5

6

5. 절단 시 남은 부분과 노치의 정점을 엔진톱으로 정리한다. 노치 안쪽에 단열재 넣을 공간을 확보하기 위해 2~3cm 오목하게 판다.
6. 남은 스크라이빙 선을 도끼나 끌로 정리한다. 최종 작업은 엔진톱 보다 끌을 사용하는 것이 노치의 내구성 향상과 물끊기에 좋다.

3) 벽체의 높이 조절

통나무 벽체의 높이 조절은 원구와 말구를 교대로 쌓아 짝수 단에서 수평을 맞추는 방식이다. 따라서 인위적으로 벽체의 수평을 조절하지 않으면 최상단에서 벽체 높이의 고저 차가 생겨 지붕구조를 만들기 어렵다.

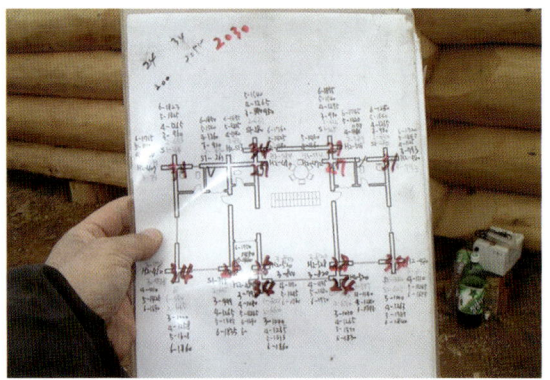

각 단의 작업이 끝나면 하프로그나 실로그에서 벽체의 높이를 측정해 통나무 단면과 작업 노트에 기재하고, 이 수치를 참고로 상황에 맞게 필요한 나무를 선별해 작업한다. 벽체 작업의 효율성을 결정짓는 중요한 요소는 통나무 선별이다. 통나무 선별을 잘하기 위해선 자신이 보유하고 있는 나무의 상태를 잘 파악하고 있어야 한다. 수평을 조절하는 가장 좋은 방법은 통나무의 지름 차를 이용해 전체 높이를 조절하는 방법이고, 다음은 러프 스크라이빙의 폭으로 높이를 조절하는 방법이다.

각 단의 높이는 고저 차가 10cm를 넘지 않도록 한다. 같은 단의 고저 차가 10cm를 넘으면 나무 선별이 어렵다. 높이를 수평으로 조절해야 하는 곳은 개구부 하단의 아랫단과 최상단의 헤드로그, 벽체 최상단인 들보와 주도리다. 개구부 상단과 하단의 통나무를 수평으로 맞추는 것은 개구부와 평형이 되게 해 시각적인 안정감을 주기 위해서다. 수평으로 높이를 맞춰야 하는 단에 원목을 올리고 각 노치 부분의 높이를 측정한다. 낮은 쪽을 기준으로 높은 쪽을 고저 차만큼 1차 러프 스크라이빙을 더해 수평을 맞춘다. 필요하다면 높이 조절을 위해 원구와 말구를 바꿀 수도 있다. 높이 조절이 필요한 단수에서 원구와 말구를 이용해 자연스럽게 높이를 조절한다.

4) 개구부의 작업

개구부는 창이나 문을 설치하기 위해 통나무 벽체에 만드는 공간이다. 개구부의 작업 요점은 수직과 수평을 잘 유지하는 데 있다. 창이나 문이 오는 곳에는 벽체를 조적하면서 개구부를 뚫어 준다. 개구부의 폭은 창틀이나 문틀의 넓이에 네이러(nailer)의 폭과 창문의 수직을 잡기 위한 쐐기의 폭을 더한 크기다. 개구부의 크기는 개구부 상단의 통나무가 자체 중량으로 휘어지지 않는 범위 내에서 한다.

개구부의 높이는 창호의 높이에 통나무 벽의 침하로 창틀이나 문에 압박을 받게 되는 현상을 방지하기 위해 창호와 칸막이 사이에 공간을 두는 세틀링 스페이스(settling space)를 더한 높이다. 이때 세틀링 스페이스 계산은 개구부의 세틀링에 관계되는 개구부 높이만으로 한다. 개구부의 위치는 노치에서 최소한 벽체 높이x0.3 이상은 떨어진 지점에서 시작하고, 개구부 상단의 통나무 벽체 두께는 30cm 이상이 되고 개구부 폭의 1/5 이상이 되게 힌다.

(1) 개구부 조적 방법

통나무 벽체 중에서 개구부가 오는 부분은 조적작업 시 미리 뚫어 둔다. 노치가 하나뿐인 단목을 사용하면 개구부의 그루브를 임의대로 만들 수 있어 창과 문의 설치가 쉬워진다.

1   2

1. 단목 작업을 편하게 하려고 반달형의 지그를 만들어 사용한다. 적당한 통나무 토막을 반으로 절단해 반원형 지그를 만든다.
2. 개구부보다 10cm 정도 길게 단목을 절단해 러프커트한다. 받을장 노치의 형상을 엎을장 단목에 임의로 가공한 다음 세팅한다.

3

4

5

6

3. 단목의 단면 한가운데를 받을장의 벽체 중심선에 맞춘다. 반달 지그로 받을장과 엎을장의 그루브가 평행 되게 단목의 높이를 조절한다.
4. 반달 지그를 단목의 가장 끝부분에 놓는다. 벽체 중심선에 단목의 한가운데가 오도록 한 후, 2차 파이널 스크라이빙을 한다.
5. 노치의 스크라이빙 표시점과 함께 그루브의 한쪽 끝에 대칭 지점을 받을장과 엎을장에 표시한다. 벽체 중심선의 먹줄치기와 스카프 등의 작업은 장목과 같다.
6. 단목을 작업할 때는 개구부가 끝나는 단에서는 좌우의 통나무 상단이 일직선을 유지하도록 작업한다.

(2) 개구부의 수직 절단

개구부는 창틀을 설치하기 위해 치수대로 양옆을 수직으로 절단한다. 개구부의 양면이 수직이 아니면 창호를 설치하는 데 어려움이 많고 세틀링이 진행되면서 양옆으로 틈이 생길 수 있다.

1

2

3

1. 통나무 벽체를 수직으로 절단할 때는 엔진톱 가이드라는 지그를 사용하면 정확한 수직 절단을 할 수 있다.
2. 가이드용 각재를 설치한다. 가이드용 각재는 휘어지지 않고 곧은 2x4 각재를 사용한다.
3. 모든 조정이 끝나면 가이드용 각재에 엔진톱 가이드를 완전히 밀착시켜 신중하게 개구부 하단까지 한 번에 절단한다.

(3) 개구부 상단 작업

개구부 상단은 안정감을 주기 위해 통나무의 상단이 수평을 유지해야 한다. 수평 유지를 위해 적절한 통나무를 선별해서 사용하고 고저차는 1차 러프 스크라이빙 폭을 통해 조절한다.

1

2

1. 개구부 절단이 끝나면 준비된 통나무를 올리고 각 노치의 높이를 측정한다.
2. 이때 높이차가 생기면 차이만큼을 높은 쪽 스크라이빙 폭에 더해 1차 러프 스크라이빙을 한다.

(4) 개구부 상단의 가공

개구부 상단에 창문을 설치하기 위한 수평 절단은 벽체 작업과 함께 진행한다. 2차 파이널 스크라이빙까지는 일반 벽체와 같은 방식으로 진행한다.

1. 개구부의 평면 절단 위치는 하단의 1/3 지점에서 지름의 반을 넘지 않도록 한다. 물수평기를 이용해 네 군데 모두 표시점을 표시한다.

1

2

3

4

5

2. 각 표시점 사이를 먹줄로 연결하고 개구부 절단면도 옮겨 그린 후, 작업대 위로 통나무를 내린다.
3. 처마로부터 보호받지 못하는 처마벽 쪽에는 1cm 아래쪽에 먹줄을 다시 쳐 전체적으로 외부로 기울기를 주어 물끊기를 시행한다.
4. 양옆은 스코어링을 한 후 절단선을 넣고, 실로그를 만들 듯이 평면 절단을 한 후 샌딩기로 다듬어 준다.
5. 나머지 노치와 그루브 작업을 마친 후 결합한다.

(5) 개구부 하단의 가공

창틀을 올릴 수 있도록 개구부 하단을 평면 절단한다. 개구부 하단을 평면 절단하는 작업은 본 기초 위에 재조립한 후에 해도 상관없다.

1

2

1. 네 곳에 물수평을 잡고 절단하기 위한 먹줄을 친다.
   위치는 상단에서 1/3 이상 내려가지 않도록 한다.
2. 평면 절단 기법으로 나무를 절단한다.
3. 하단부에 물끊기를 시공해 빗물이 실내로 유입되는 것을 방지한다.

3

(6) 개구부 키웨이의 가공

크기가 고정된 창틀이 통나무 벽체의 수축으로 인해 높이가 낮아져도 이에 간섭받지 않고 미끄러지도록 만든 홈이 키웨이(keyway)다.
키웨이의 폭은 키보드의 재질에 따라 정한다. 키보드가 자연스럽게 움직일 수 있을 정도로 가공한다.

1

2

1. 그루브 중심에 키웨이가 오게 수직선을 긋고 키웨이를 가공한다.
   가공할 때는 특히 킥백 현상에 주의한다.
2. 창틀과 창틀을 감추는 트림보드 폭을 남기고 양옆으로 개구부 스카프를
   가공한다. 양옆으로 트림보드를 붙일 자리를 만든다.
3. 혼합구조(combination) 방식 기둥에 미리 요(凹)자형의 홈을 파서
   창호를 설치하거나 마감할 때 유용하게 활용할 수 있다.

3

5) 보(beam)의 가공

2층으로 통나무집을 만들거나 다락방을 만들기 위해선 바닥을 지지하는 보를 설치해야 한다. 보는 지붕의 하중을 지탱하는 들보와 직각이나 같은 방향이 되기도 한다. 보는 바닥의 지지뿐만 아니라 벽체를 잡아 주는 역할도 하므로 보를 설치하면 벽체의 구조적 강도가 높아진다.

1

2

1. 받을장이 되는 통나무에는 보가 오는 위치에 맞게 스카프를 가공한다. 스카프 하단이 통나무 지름의 반 이하로 오게 해 오버행이 생기지 않도록 한다.
2. 벽체 앞으로 보를 길게 내밀어 2층 발코니를 설치할 경우, 필요한 길이만큼 나무를 빼 둔다. 이때 통나무가 휜 쪽이 위로 가게 한다.

3

4

5

6

7

8

3. 보를 놓았으면 하프로그나 실로그로 부터 높이를 잰다.
   가장 낮은 곳의 스크라이빙 폭을 0으로 하고 높은 곳은 고저 차만큼 1차 러프스크라이빙해 높이를 같게 한다.
4. 러프커트 후 보의 위치를 정한 뒤 모든 노치를 같은 폭으로 2차 파이널 스크라이빙을 한다.
5. 이때 노치는 통나무를 서로 잡아 주고 보의 강도를 높여 주기 위해 로크노치로 가공한다.
6. 보 전체의 단면에 수직선을 긋고 물수평기를 이용해 같은 높이에 표시한다. 최종적으로 평면 폭이 15cm 정도 나오게 만든다.
7. 보의 평면 절단은 실로그와 같은 방법으로 진행한다. 이 절단면이 너무 높거나 낮으면 모든 보를 같은 폭으로 올리거나 내려준다.
8. 모든 가공작업이 끝나면 정 위치에 설치하고, 전체의 높이가 같은지 확인한다.

TIP 07 통나무집 짓는 기술 연습

통나무집 짓는 기술이 숙달되지 않아 자신감이 없을 때는 본격적인 통나무집을 짓기 전에 통나무 피크닉테이블이나 나중에 집이 완성한 후에 사용할 작은 창고나 정자를 먼저 만들어 보는 것도 좋다.
야외에서 사용할 통나무 피크닉테이블 제작에 필요한 기술들은 대형 통나무집을 짓는데 필요한 모든 장비와 기술이 그대로 응용된다. 스크라이빙, 엔진톱 절단 등 본 건물을 짓는 데 바로 적용하기 어려운 경우 연습 삼아 만들어 보면 많은 도움이 된다. 하지만, 연습은 연습이기에 너무 규모를 크게 잡으면 본 건물을 짓기도 전에 지칠 수 있으므로 가능한 한 규모는 작은 것이 바람직하다.

6) 들보의 가공

들보는 벽체의 마지막 단이면서 지붕을 지탱하는 부재다. 들보에는 지붕구조를 지탱하는 트러스나 기둥이 서고, 박공벽의 마감면이 되기도 한다. 따라서 들보는 평면 폭을 최소 15cm 이상은 확보해야 하며 어느 정도 굵기가 있는 나무를 사용한다.

보통 들보는 대칭되는 들보가 존재하기에 대칭되는 곳과 높이가 같게 한다. 벽체 작업이 마감되기 2~3단 전에 미리 보와 들보, 주도리에 사용할 통나무를 선별해 두고 지름 차를 고려해 가면서 전체의 높이를 맞춘다.

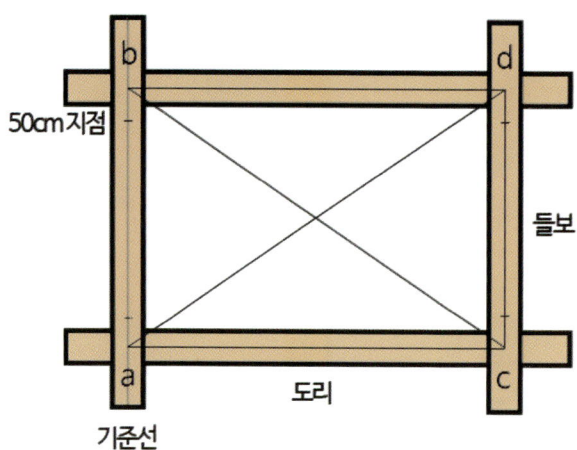

가기초를 놓을 때와 같이 대각을 찾는 작업을 통해 정확한 벽체의 치수를 찾는다. 기준 a에서 먼저 b 점을 찾고 a와 b에서 c와 d를 찾는다. c-d를 찾은 후 a-b와 같은 치수인지 확인한다. 같은 치수이면 c-d를 연결하는 먹줄을 친다. 주도리를 설치할 때 기준으로 삼기 위해 a, b, c, d 네 점에서 벽체 안쪽으로 50cm 되는 지점을 표시해 둔다. 기둥(post)이 오는 위치에는 장부 암놈을 가공하기 위한 위치도 표시한다.

1

2

3

4

5

1. 러프 스크라이빙의 폭을 이용해 들보의 수평을 맞추는 작업까지는 벽체의 높이 조절작업과 같다.
2. 러프커트를 끝낸 들보를 설치한다.
3. 2차 파이널 스크리이빙 작업을 한 후, 각 단면에 수직선을 긋고 물수평기로 같은 지점을 표시한다.
4. 물수평 지점에서 스크라이버의 폭 만큼 표시점을 올리고 수평선을 긋는다. 이 폭이 15cm 정도 되게 해 평면 절단을 하고 작업이 끝나면 정 위치에 놓는다.
5. 들보 작업에선 하프로그나 실로그에서 연장해 온 벽체 중심선을 참고로 다시 중심선을 만든다.

7) 주도리의 가공

지붕구조 중에서 주도리의 가공은 벽체 작업에 속한다. 주도리를 제외한 중도리, 종도리, 기둥은 지붕 구조도를 참고해 지상에서 치수대
로 가공해서 조립한다.

1

2

3

4

5

1. 주도리에 사용할 통나무를 올리고 상단이 수평이 되도록 1차 러프 작업을
   한다.
2. 주도리의 먹선이 들보의 표시점에서 정확하게 50cm 지점에 오도록 한 뒤,
   나무를 고정하고 주도리의 단면에 수직선을 긋는다.
3. 2차 파이널 스크라이빙이 끝나면 물수평기를 이용해 들보의 평면 높이를
   주도리의 단면 수직선에 표시하고, 작업대로 내려 지붕각의 먹매김을 한다.
4. 지붕물매를 정하고 물수평 지점에서 파이널 스크라이빙 폭과 여분의 폭을
   올리고 직각자를 이용 지붕각을 잡아 평면 절단과 파이널 커트를 한다.
5. 주도리 작업이 끝나면 벽체 조적작업은 끝난다. 다음은 주도리에서 정해진
   치수를 가지고 중도리와 종도리를 만든다.

8) 중도리와 종도리의 가공

중도리와 종도리는 주도리와 함께 삼각형의 지붕 모양을 만들어 주는 부재다. 단면에 먹매김을 한 물매는 주도리에 먹매김한 물매와 기준점을 같게 한다. 기준점에서 그려지는 지붕물매 면이 실제의 지붕면이 되며 여기에 서까래가 붙는다. 기준점에서 기둥(post) 면까지의 폭 a는 나무의 상태에 따라 임의로 정한다. 각각의 치수가 달라지면 해당하는 포스트 길이에서 더하거나 빼 전체의 높이를 맞춘다. 중도리, 종도리의 가공작업은 통나무 작업대 위에 올려놓고 한다. 대칭되는 도리의 물매 방향이 서로 반대이기 때문에 도리를 작업대에 올릴 때는 지붕의 위치대로 작업대에 올려야 물매의 방향을 쉽게 알 수 있고 실수를 방지할 수 있다.

TIP 08 **지붕의 구조**

통나무집에서는 지붕 공간을 활용하기 위해 삼각형 박공지붕을 많이 사용한다. 지붕구조에 많이 사용되는 방식이 포스트앤퍼린(post & purlin)구조다.

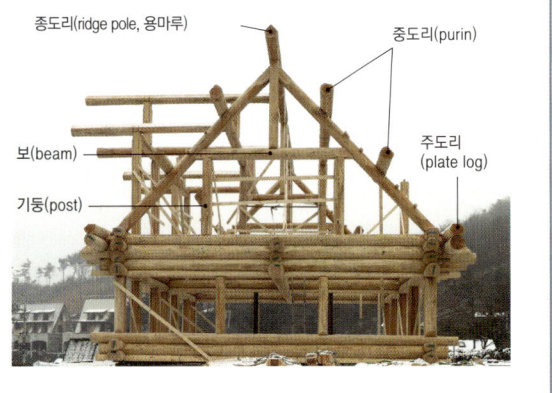

종도리(ridge pole, 용마루)
중도리(purin)
보(beam)
주도리(plate log)
기둥(post)

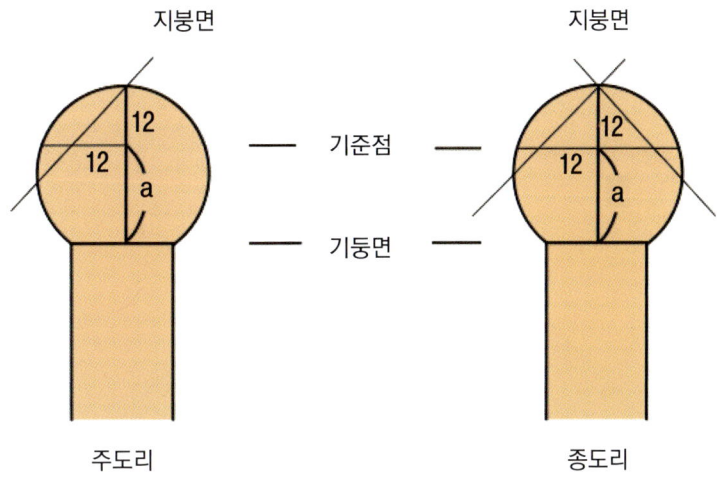

지붕면   지붕면

12   기준점   12

12   기둥면   12

a   a

주도리   종도리

1

2

3

4

1. 원구와 말구의 지름 차가 큰 경우는 기둥 면의 절단선을 이중으로 그리고 기둥 길이에서 가감해 준다.
2. 지붕 절단면은 평면 절단 기법으로 절단한다. 종도리, 중도리가 노출되는 구조라면 기둥이 올 자리만 스카프 가공을 해 가능한 통나무의 원형을 살린다.
3. 스카프의 직선 부분에 기둥이 오기에 먹선을 따라 정확하게 마무리한다. 기둥의 장부가 들어갈 장부 구멍도 가공한다.
4. 장부 구멍을 파는 보통의 방법은 엔진톱을 이용한 노즐 보링이다. 엔진톱으로 작업할 수 없거나 작은 장부 구멍은 드릴로 여러 번 구멍을 뚫고 끌로 정리한다.

9) 기둥(post)의 가공

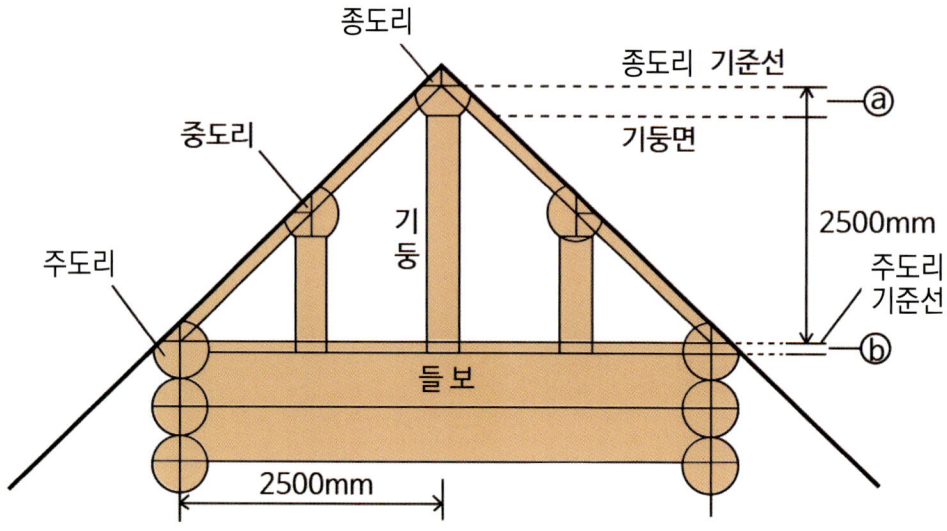

기둥의 길이는 도리의 기둥면에서 들보까지의 길이다. 이는 도리의 기준선에서 기둥면까지의 폭을 뺀 후, 다시 들보에서 주도리의 지붕 기준점까지의 폭을 더한 길이다. 그림의 경우 기둥의 길이는 총 길이 2,500mm에서 종도리 기준선에서 기둥면까지의 거리ⓐ를 빼고, 다시 주도리 기준선에서 들보까지의 거리ⓑ를 더한 길이다. 지붕물매가 12/12가 아닌 경우 비율 식을 이용해 중도리 기둥의 기준 길이를 구한다. 각 기둥의 길이가 구해지면 구해진 치수에 위, 아래의 장부 길이를 더해 지붕 기둥용 통나무를 절단한 후, 작업대에 올리고 단면에 먹매김을 한다. 장부의 치수는 임의로 정하는데, 보통 80mm×160mm×80mm(가로×세로×길이)로 하는 경우가 많다.

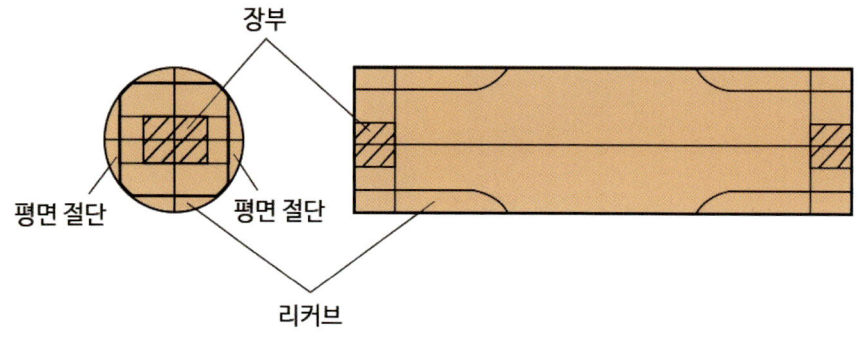

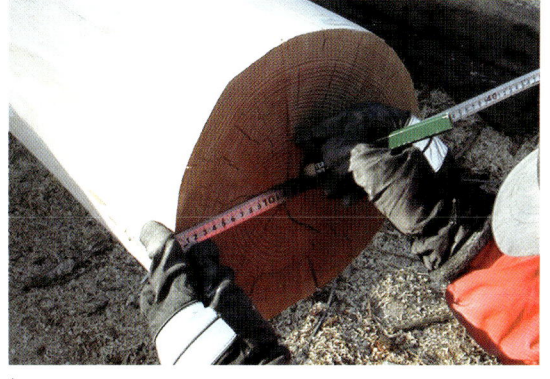

1

2

3

4

1. 통나무를 고정한 후 수평계와 직각자를 이용해 단면에 먹매김을 한다. 최대한 정밀하게 사각형을 만든다.
2. 벽체기 오는 곳은 평면 절단 기법으로 모두 평면을 만들어 둔다.
3. 한 쪽의 중심선에 장부 길이를 제외한 실제 기둥 길이를 표시한다. 이 표시점에 직각박스를 이용해 절단선을 그린다.
4. 리커브 커트를 한다. 리커브의 크기는 통나무 상태에 따라 임의로 정한다. 샌딩하고 절단선을 연장해서 다시 그린다.

TIP 09 직각박스

직각박스는 굴곡이 진 통나무의 중심선에 대해 직각이 되는 단면을 찾기 위해 사용하는 지그다. 모든 면에 대해 직각을 갖는 사각박스를 만들어 박스 윗면에 중심선을 긋고 옆면에 직각이 되는 선을 그린다.

1

2

1. 통나무의 수직과 수평을 잇는 중심선에 직각박스의 중심선과 옆면의 선을 서로 일치한다.

2. 먹줄로 직각박스의 테두리를 돌리면 통나무 중심선에 대해 직각이 되는 선이 통나무에 그려진다.

5

6

7

8

5. 절단선에 원형톱이나 끌로 섬유질 조직을 끊어 주는 스코어링을 한다.
6. 장부 가공을 한다. 기둥은 안쪽을 약간 오목하게 가공해 가장자리만 하중을 받게 한다.
7. 장부 지그로 장부의 크기와 길이가 맞는지 확인한다.
8. 가공이 끝나면 장부가 쉽게 결합하도록 하기 위해 장부촉 면을 그라인더나 끌로 면치기를 한다.

10) 로그엔드 정리

벽체 작업이 끝나면 통나무 벽체 밖으로 돌출된 로그엔드를 정리한다. 처마 쪽의 들보는 서까래를 걸 수 있도록 직선으로 절단하고 디자인 커트를 한다.

1

2

1. 서까래가 걸리는 처마 쪽은 서까래 선보다 약간 아래쪽에 절단선을 잡는다. 절단이 끝난 후, 각재를 대 마감 작업에 지장이 없는지 확인한다.
2. 실내에 통나무 단면이 노출되는 개구부의 디자인 커트는 벽체 가장 상단의 나무인 헤드로그가 걸리기 전에 해야 하는 경우도 있다.

로그엔드의 디자인 커트

로그엔드의 디자인 커트 때문에 집의 분위기가 많이 달라진다. 모양은 개인의 기호에 따라 자유롭게 정하면 된다. 로그엔드는 적어도 20cm 이상 남아야 한다. 벽체 작업에 들어가기 전에 미리 모양을 정해 디자인이 끝난 후에도 래터럴그루브가 노출되지 않게 U그루브의 길이를 충분히 확보한다.

1

3

4

2

1. 모든 로그엔드가 같은 모양이 되도록 합판 등으로 틀을 만들어 절단선을 표시하면 통일감 있는 디자인 커트를 할 수 있다.
2. 가능하면 한 사람이 모든 디자인 커트를 해서 전체의 모양을 통일한다.
3. 먼저 작업한 디자인 커트를 참고로, 다음 디자인 커트를 진행한다.
4. 디자인 커트가 끝나면 절단면을 샌딩하고 목재보호 도료를 칠해 둔다.

11) 해체와 재조립

통나무 벽체가 다 만들어지면 해체해 본 기초 위에 재조립한다. 해체 작업 시 통나무 벽체를 통과하는 관통볼트의 구멍과 전기배선 구멍 등을 뚫어 주고 재조립 전에 노치와 그루브에 단열재를 채운다. 해체한 통나무 부재가 땅바닥에 직접 닿지 않도록 각재나 죽데기를 깔아 부재가 더러워지지 않도록 주의한다.

1

2

3

4

5

6

1. 조립 시 참고할 수 있도록 통나무 단면에 식별번호를 붙이고 트럭으로 운반할 때도 이를 고려해 싣는다. 조립은 분해의 역순으로 한다.
2. 관통볼트는 벽체 최상단에서 토대까지 구멍을 연결해 뚫는다. 위치는 통나무 교차부에서 45cm 이내, 로그엔드에서 10cm 이상 들어와야 한다.
3. 전기배선이 지나가는 자리에는 전기배선용 파이프를 설치할 구멍을 뚫는다.
4. 가장 하단에 놓이는 하프로그와 실로그에는 빗물 차단을 위해 바깥쪽으로 1cm 정도 깊이로 물끊기 홈을 판다.
5. 1단 통나무와 기초를 연결하는 앵커볼트를 노치 부위의 45cm 이내에 설치한다. 앵커볼트의 간격은 2m를 넘지 않도록 한다.
6. 기초와 하프로그, 실로그 사이에 고무판을 깔아 기초에서 발생한 수분이 하프로그나 실로그로 올라오는 것을 방지한다.

7

8

9

10

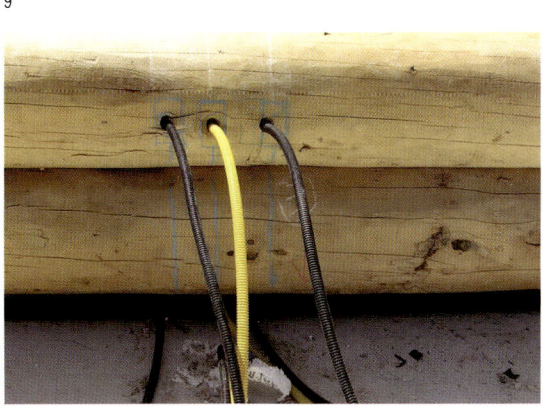

11

12

7. 하프로그와 실로그를 설치한다. 하프로그와 실로그는 기초와 앵커볼트로 완전히 고정한다.

8. 벽체를 재조립할 때는 정주 현상으로 인해 표시점이 어긋나기 때문에 통나무에 생긴 자국을 서로 맞추는 게 더 정확하다.

9. 벽체를 조립할 때는 노치와 그루브에 단열재를 채워 준다. 유리섬유는 비닐 팩에 넣고 밀봉해 가루가 날리지 않도록 하고 습기도 차단한다.

10. 노치가 하나밖에 없는 벽체는 옆으로 어긋남을 막기 위해 꽂임촉을 설치한다. 꽂임촉은 개구부 최하단에서 최상단까지 지그재그로 설치한다.

11. 조립해 나가면서 전기배선용 관도 끼워 준다.

12. 지붕 부재의 조립이 끝나면 종도리에서 주도리까지 실을 띄워 도리 마감 면이 일직선인지 확인한다.

관통볼트 연결

통나무집은 건축 특성상 모든 부재가 독립적으로 놓이게 된다. 통나무집이 강풍과 지진을 견디기 위해선 기초부터 지붕까지를 하나의 결합한 구조로 만들어 줘야 한다. 기초와 1단 통나무를 앵커볼트로 연결하고, 기초와 연결된 1단 통나무에서 벽체 최상단까지를 관통볼트로 연결하면 벽체는 기초와 하나의 결합체가 된다. 이 벽체에 독립적으로 서 있는 기둥과 기둥 위에 놓이는 도리를 철물로 결합하면 모든 통나무 골조가 하나의 구조체를 이루게 돼 강도가 높아진다.

1

2

1. 조립이 끝나면 13mm 이상의 관통볼트를 벽체 최상단에서 하단까지 관통시켜 와셔를 설치하고 볼트로 조인다.
2. 하단의 볼트는 수축이 진행됨에 따라 수시로 조여 준다. 스프링 장치를 설치해 자동으로 조여지게 만들 수도 있다.

TIP
10 **내 손으로 통나무집을 짓기 위해**

스스로 통나무집을 짓기 위해서는 우선 통나무집 전반에 관한 기술을 익혀 두어야 한다. 실제 작업을 하기 전에 기술을 익혀 두면 통나무집을 지으며 발생하는 많은 실수와 예산 낭비를 막을 수 있다. 통나무집 기술을 익히는 방법은 통나무 건축 교육기관을 이용하는 것이 효과적이다. 전문가가 집을 짓고 있는 현장에서 기술을 배우는 방법은 지나치게 많은 시간이 필요하다. 통나무 건축 교육기관을 통해 기술을 배우면 좋은 또 하나의 이점은 자신과 같은 생각과 필요성을 가진 사람들을 만날 수 있다는 점이다. 통나무집은 혼자서도 지을 수 있지만, 같은 작업이 반복되는 만큼 동료들의 힘을 빌리면 훨씬 수월해진다. 같은 뜻을 가진 동료들과 친분을 유지하는 것은 매우 유용하다.

인터넷 다음 카페의 '통나무집을 만드는 사람들(http://cafe.daum.net/Logbuilders)'과 같은 모임을 통해 자기 지역에 사는 동호인들을 만나는 것이 좋다. 동호인들과 건축에 대한 지식과 경험을 공유하고 서로에게 도움이 되는 방법을 통해 기술적인 지원을 주고받을 수 있기 때문이다.

2. 목구조 방식의 통나무집 만들기

통나무 목구조 방식이란 수직 부재인 기둥(post)과 수평 부재인 보(beam)로 골조를 구성하는 포스트앤빔(post & beam) 방식이다. 벽체 자체가 구조체인 조적 방식에 비해 개구부를 크게 내는 등 설계상의 제약이 적고 마감 방법을 다양하게 할 수 있다는 장점이 있다. 조적 방식의 경우는 벽체가 통나무 하나뿐이지만, 통나무 목구조 방식은 다양한 형태로 마감할 수 있기에 응용할 수 있는 부분도 많다. 튼튼한 통나무 목구조 방식의 집을 짓기 위해선 구조체를 구성하는 기둥과 보, 토대를 균형 있게 배치해야 한다. 기둥은 같은 위치에 오도록 해서 하중을 잘 견딜 수 있는 구조라야 하며 가새와 버팀대, 귀잡이와 같은 보강재를 사용해 전체의 강도를 높여 준다. 이 방식은 각 부재가 독립적으로 존재하기 때문에 부재와 부재의 연결이 필요하다.

1) 부재의 가공

보나 도리 같이 길고 곧은 원목이 필요한 곳은 원구 쪽부터 사용하고, 기둥과 인방, 가새와 같이 짧은 부재가 필요한 곳은 나머지 말구 쪽을 사용한다. 부재의 가공 방향은 자연 그대로를 따르는 것이 원칙이며, 기둥의 경우 뿌리 쪽인 원구가 밑으로 가게 한다. 수평 부재는 가지 쪽인 말구가 집 내부로 향하도록 배치해 외부에서는 굵은 원구가 보이게 한다. 이것은 좋은 기운을 집안으로 모은다는 의미도 있다.

일반적인 부재의 가공 순서

1

2

3

1. 먼저 겉껍질을 벗기는 필링 작업을 한다.
2. 설계도에 따라 부재를 가공한다.
3. 가공이 끝난 부재는 샌딩 작업을 한다.

4

5

4. 샌딩 작업이 끝나면 목재 보호 도료로 도장한다.
5. 도장이 끝난 부재는 통풍이 잘되도록 정리해서 보관한다.

2) 가새의 가공

가새(brace)는 횡적으로 작용하는 힘으로 벽체가 전도되는 것을
막기 위해 설치한다. 가새를 설치하면 구조적으로 안정되고 외관
상의 모양이나 구조적인 면은 좋아지지만, 마감은 까다로워진다.

가새의 가공 순서

1

2

1. 대각 거리에 장부를 더한 길이로 양면을 절단한 부재에 가새가 교차할 중간 점과 대각거리를 표시한다.
2. 직각박스를 이용해서 세 지점에 직각선을 표시한다.

3

4

5

6

7

8

9

3. 장부와 가새가 교차할 부분을 스카프 가공하여 세 군데를 사각형으로 만들어 준다.

4. 반투명 셀로판지에 원하는 축척에 맞게 가새를 그려 지그로 사용한다.

5. 지그의 중심선에 직각선을 긋고 통나무의 중심선과 직각선에 지그를 일치시켜 가새의 각도를 옮겨 그린다.

6. 이어 장부를 그리고 가공도 한다. 벽체에 접하는 부분은 양쪽으로 장부를 가공한다.

7. 가새가 교차하는 부분도 지그를 이용해 그린다. 통나무의 직각선과 중심선을 지그와 일치시킨 후, 가새의 기울기를 통나무에 옮겨 그린다.

8. 스코어링 후 엔진톱 작업으로 교차 부분을 가공한다.

9. 완성된 가새를 결합한 후, 치수가 맞는지 확인하여 조립작업 시의 실수를 예방한다.

3) 조립작업

부재의 가공과 기초 작업이 끝나면 현장에서 골조 조립작업을 하게 된다. 조립작업을 하기 전에 모든 부재가 설계도의 치수대로 정확히 가공됐는지 다시 한번 확인한다. 목구조 방식의 경우 단한 개의 부재라도 가공이 잘못되면 조립작업 자체가 불가능해지기에 가공할 때부터 공정관리를 잘해야 한다.

부재의 개수뿐만 아니라 하나하나의 가공 형태, 치수도 정확해야 한다. 통나무 목구조 방식의 작업은 대부분 부재 가공이다. 부재 작업은 리스트를 만들어 하나하나 점검하며 작업해야 실수를 막을 수 있다. 조립작업은 가능한 많은 사람이 참여해 협동해서 하는 것이 안전하다. 최소 4인 이상의 인원이 작업에 임하도록 한다. 조립작업은 부재를 입체적으로 조립해야 하기에 안전장치를 소홀히 하면 위험하다. 작업을 시작하기 전에 임시로 부재를 고정할 임시 가새용 각재와 발판으로 사용할 합판을 미리 준비한다. 임시로 사용할 자재들은 마감에 필요한 자재들을 주문해 사용한 후, 다시 사용하는 것이 좋다.

부재를 찾기 쉽게 펼쳐 놓기 위해서라도 깔판용 자재들이 많이 필요한데 깔판용 자재는 부재 가공 시에 나온 죽데기나 마감 자재를 임시로 사용한다. 우선 주문할 마감 자재는 지붕과 2층 마루, 벽체용 각재와 합판 등이다. 마감 자재는 조립작업을 하기 2~3일 전에 자재 업체에 발주해 당일 아침 현장에 도착할 수 있도록 한다. 조립작업에 필요한 대형 크레인도 2~3일 전에 미리 수배

해 둔다. 진입로나 현장의 조건에 따라 카고 크레인이나 대형 크레인 등 안전하게 조립할 수 있는 장비를 임대해 사용한다.

조립작업에 들어가기 전에 보 조립에 필요한 사다리 등을 여유롭게 준비하고, 부재와 부재를 당겨 줄 바와 철물들도 미리 준비해 작업 시 이상이 없도록 한다.

조립작업은 고공에서 하는 작업이니만큼 안전에 주의해야 한다. 서두르지 말고 안정된 상태에서 작업하고 작업에 참여하는 모든 사람에게 주의사항을 충분히 주지시킨다. 크레인에 신호를 보내는 신호수는 조립 경험이 많은 사람을 정해 전체 현장을 통제하도록 하는 것이 좋다.

1

2

3

4

5

6

7

8

1. 기초에 통나무를 연결할 수 있도록 앵커볼트를 박는다. 기초에 볼트를 심을 때는 지름의 20배 이상이 매설되도록 한다.

2. 크레인은 임대해 사용하고 마감에 사용할 자재들은 미리 주문한다. 이 자재들을 임시 가새나 2층 발판으로 사용한다.

3. 기초와 통나무가 접하는 곳은 습기를 먹지 않게 고무판이나 방수시트로 시공하고 토대는 기초의 앵커볼트에 연결한다.

4. 설계도를 참고해 조립작업을 한다. 크레인에서 먼 곳부터 차례로 조립하며 수직과 수평을 맞춰 부재를 가 고정한다.

5. 기둥의 윗부분과 아랫부분에는 밀폐재로 시공해 외부의 빗물이나 바람이 들어오지 않도록 한다.

6. 부재와 부재를 고정해야 할 곳은 모두 고정한다.

7. 1층 조립이 끝나면 안전한 작업을 위한 임시 발판을 설치해 안전을 확보한 후, 2층이나 지붕의 조립작업을 진행한다.

8. 종도리를 올리고 지붕물매가 설계도대로 정확한지 확인한다. 지붕물매에 문제가 없으면 조립작업이 끝난다.

3 통나무집 마감 공사

1. 마감 목공공사

통나무 골조작업이 끝나면 마감 공사에 들어간다. 마감 공사는 어떤 형태의 건축물이나 과정이 비슷하다. 특히 통나무집이나 경량목구조 집은 같은 방법으로 마감 공사를 진행한다. 통나무집의 마감 목공공사는 대부분 미국식 경량목구조 방식에 따라서 작업한다. 미국식 경량목구조 방식은 투바이재로 불리는 제재목을 사용하는데, 이는 각재의 치수가 2인치를 기준으로 2×4, 2×6, 2×8과 같이 배수로 늘어나기 때문에 투바이포공법이라고도 한다. 인치 단위는 영국과 미국 등에서 사용하는 치수지만, 마감 공사에서는 미터법보다 인치 단위를 사용한다. 이는 마감 공사에 사용되는 각재나 OSB, 석고보드 등이 대부분 인치 단위로 출시되기 때문이다.

보통 벽체의 기둥용으로는 2×4나 2×6각재를 사용하고 장선은 장선이 걸리는 지간 거리에 따라 2×6이상의 필요한 치수를 사용한다. 서까래는 2×6이상의 각재를 사용할 수 있지만, 단열성을 고려해 가능하면 2×10을 사용한다. 바탕재는 일반적으로 합판 대용품인 목재 칩으로 만들어진 OSB(oriented strand board)라는 판상재를 주로 사용한다. OSB는 사용할 때 다소 팽창하는 것을 고려해 항상 3mm를 띄어줘야 한다. 통나무집의 마감 공사는 대부분 2×6(투바이포)공법으로 작업하지만, 통나무집에서만 발생하는 독특한 현상인 나무의 수축으로 인한 세틀링이 발생하기 때문에 세틀링 대책을 포함한 마감 방법이 일반 목조주택과 다르다. 마지막 작업인 마감 공사는 바로 작업에 들어가기보다는 일반인들과 전문 기술자들을 위해 실시하는 목조주택 강좌를 수강해 자신의 수준과 통나무집에 맞는 교육과정을 이수한 후, 전체적인 개념을 숙지한 상태에서 통나무집의 마감 작업에 착수하는 것이 좋다.

마감 작업에 필요한 공구들

1

2

1. **슬라이드톱** 각재를 절단할 때 유용하다. 마감 작업에 가장 많이 사용하는 공구이기에 품질이 우수한 제품을 선택한다.
2. **에어컴프레서** 3마력 정도 되는 것을 사용한다. 네일건과 같이 공기의 압축을 해야 하는 공구를 사용할 때 필요하다.

3

4

5

6

7

8

3. 타카 루버나 몰딩 등 마감재를 시공할 때 사용한다. 콘크리트용 타카, 목공용 타카 등 여러 종류를 확보하면 작업하기 편하다.

4. 충전드릴 석고보드나 비닐사이딩, 소핏 벤트 등의 시공에 사용한다.

5. 네일건 못을 박는 공구로 50~90mm 정도의 못까지 사용할 수 있는 것을 준비한다.

6. 원형톱 합판이나 각재의 절단에 사용한다. 미국제는 100V용이라 감압기가 필요하다.

7. 직소 원형으로 생긴 통나무의 모양대로 마감재를 재단하는 데 필요한 공구다.

8. 대패, 못뽑이, 콤비네이션자, 스피드스퀘어, 자유자, 톱, 수평계, 직각자 등 일반적인 마감 공사에 사용하는 공구들이 필요하다.

2. 지붕 목공작업

통나무 골조가 조립되면 가능한 한 빨리 지붕 작업을 마쳐야 비로부터 벽체를 보호할 수 있다. 지붕 목공작업 후 방수시트까지 작업하면, 비가와도 실내작업이 가능하다. 목구조재를 사용할 경우 마감 작업은 경량목구조 방식의 주택 시공법을 따른다.

1

2

3

4

5

6

1. 마감재를 끼워 넣을 공간을 확보하기 위해 도리에 간격재를 붙인다. 간격재는 마감재보다 2~3mm 두꺼운 것이 좋다.
2. 서까래는 2×6 이상을 사용하며 2×10을 사용하는 것이 바람직하다. 16인치나 24인치 간격으로 설치한다.
3. 주도리 쪽에는 내부 공기순환을 위해 서까래보다 한 치수 낮은 각재로 보막이를 한다.
4. 바탕재는 4×OSB를 사용하고 2인치 반 못으로 고정한다. 바탕재 사이는 3mm의 간격을 둔다.
5. 24인치 간격으로 서까래를 배치할 때는 합판과 합판을 연결하는 합판클립(PSCL)을 사용한다.
6. 서까래 끝은 내구성이 뛰어난 적삼목이나 동후레싱으로 처마돌림을 한다. 못은 녹이 슬지 않는 방청못을 쓴다.

1) 지붕 내 환기구(ventilation system) 설치

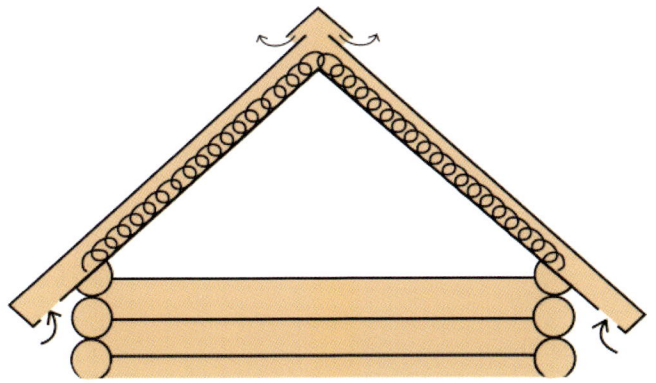

목조로 지붕을 만들 때는 실내와 실외의 온도 차로 인해 지붕에 이슬 맺히는 현상인 결로(結露)를 예방하기 위해 지붕 내 환기구인 벤트(vent)를 설치한다. 목재를 사용한 목조 지붕에는 지붕 내 환기장치를 설치하지 않으면 단열성과 내구성이 떨어지고 내부의 결로로 인해 곰팡이가 생기고 목재가 부패하게 된다. 유리섬유를 단열재로 사용한 경우, 내부에 진로가 생기면 유리섬유가 습기에 젖어 단열 효과가 떨어진다. 따라서 목조 지붕에서는 반드시 지붕 내 환기구를 설치해야 한다.

벤트는 처마벽으로 배출하는 방법, 지붕 위로 독립적인 배출구를 만들어 배출하는 방법 등 여러 가지 방법이 있지만, 용마루로 배출하는 방식이 가장 효율적이다. 지붕 환기시스템은 흡입구인 처마 벤트, 내부 통로인 래프터 벤트, 배출구인 용마루 벤트로 이루어진다.

1

2

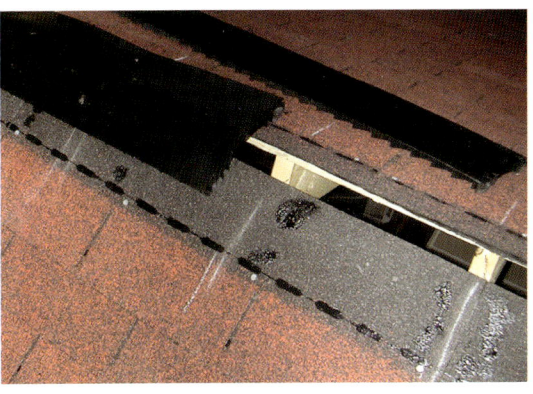

3

1. 처마 흡입구에는 방충망이 부착된 제품을 사용한다. 비닐사이딩의 소핏 벤트를 사용하기도 한다.
2. 다락방을 실내 공간으로 사용할 때는 서까래 사이에 래프터 벤트를 시공, 단열재와 지붕 합판 사이에 공기 통로를 만든다.
3. 용마루 부분은 합판 시공 시 5cm 정도를 뚫어 두고 방수시트와 지붕 마감재를 시공한 후, 공기는 빠지고 빗물은 막는 용마루 벤트를 설치한다.

2) 지붕 방수 작업

어떤 종류의 지붕재로 마감하든지 방수시트를 시공하는 과정까지는 거의 같다. 방수시트는 비가 새지 않도록 꼼꼼하게 시공한다.

1

2

3

4

5

1. 먼저 처마 쪽에 동후레싱을 시공한다. 바탕 합판 위에 동후레싱을 고정하고 그 위로 방수시트를 설치해 빗물이 외부로 떨어지도록 한다.
2. 아래쪽부터 방수시트를 붙이고 그 위로 10cm 이상 서로 겹치게 붙여간다. 우는 부분이 없이 편편하게 시공한다.
3. 지붕골 부분은 누수에 가장 취약한 부분이기에 이중으로 꼼꼼하게 시공한다.
4. 박공 쪽의 동후레싱 작업은 방수시트 위에 시공해 방수시트가 바람에 날리는 것을 잡아준다.
5. 벽난로의 연통이나 천창을 설치할 때는 방수 대책을 확실하게 세운 뒤 시공해야 한다.

3) 지붕 마감재인 아스팔트슁글 시공

지붕 마감재로 많이 사용하는 것은 아스팔트슁글이며, 통나무집에 가장 어울리는 것은 적삼목너와다. 슁글의 시공은 특별한 기술보다 성실한 시공이 필요한 공사로 몇 가지 기본적인 시공 원칙만 지키면 누구나 할 수 있다. 슁글의 시공은 하나하나 정성을 들여 원칙대로 시공하는 것이 중요하며, 포장지에 있는 시방서를 잘 읽어 보고 그대로 시공한다.

1

2

3

4

5

6

1. 첫 번째 줄은 이중으로 슁글을 붙여 준다. 슁글 끝을 후레싱보다 1cm 정도 더 내밀어 빗물이 밖으로 떨어지게 한다.
2. 두 번째 줄부터는 슁글 포장지의 시방서에 적혀 있는 대로 슁글을 붙여나간다.
3. 용마루는 일반 사각 슁글을 1/3씩 마름모꼴로 잘라 덮어 준다.
4. 용마루 벤트의 배출구가 오는 부분은 시트를 절단하고 각 서까래의 위치에 못을 박아 용마루 벤트를 고정한다.
5. 그 위에 슁글을 붙여 마감한다. 슁글로 덮지 못하는 마지막 못은 실리콘을 발라 빗물이 스며들지 않도록 한다.
6. 지붕 각이 급경사면 발판이 되는 비계를 설치해야 안전하게 작업할 수 있다. 절대 시공한 슁글 위로 못을 박지 않는다.

3. 이층 마루 작업

2층 마루 작업은 하중을 충분히 견딜 수 있는 구조로 만들어야 한다. 특히 층간의 소음방지에 주의해야 하며 2층에서 1층으로 통하는 공간이 생기지 않도록 한다.

1

2

3

4

5

1. 천장 마감재를 끼울 간격재를 설치한다. 보의 지간 거리에 적합한 각재를 16인치 간격으로 배치한다. 장선은 굽은 쪽이 위로 가게 한다.
2. 장선 위에는 강성(剛性)을 높이고 삐걱거림을 방지하기 위해 접착제를 바른다.
3. 2층 마루에는 18mm의 T&G(tongue&groove) OSB(oriented strand board)를 사용한다. 각재를 대고 때려서 완벽하게 밀착시킨다.
4. 못 박을 자리를 먹줄이나 자로 표시하고 2인치 반 못으로 가장자리는 15cm 간격, 가운데는 25cm 간격으로 박는다.
5. 이 위에 마루판이나 온수보일러를 시공한다. 1층 천장 장선 사이에 글라스울로 시공하면 흡음 단열 효과가 있다.

4. 칸막이벽의 설치

실내의 칸막이를 모두 통나무로 시공하면 시간과 비용이 많이 들고 실내 공간을 활용하는데 장애 요인이 될 수 있다. 또 통나무 벽체의 두께로 인해 실내공간이 줄어든다. 실내를 크게 나눌 때는 통나무 벽체로 시공하고, 작은 구역은 경량목구조로 칸막이를 만드는 것이 효율적이다. 조적 방식인 경우 세틀링에 대응하는 구조로 만든다.

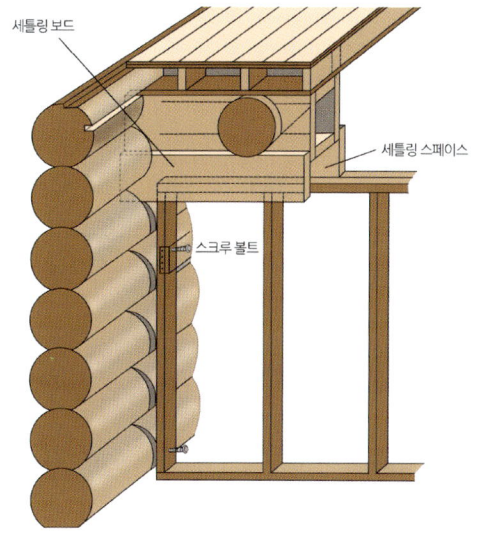

1

2

3

4

1. 칸막이벽에는 침하 현상에도 영향을 받지 않도록 마감재를 끼울 키웨이를 만든다. 깊이는 벽체 두께의 45% 이하로 한다.
2. 통나무 벽체의 수축이 일어났을 때 통나무 벽체와 칸막이 벽체가 서로 미끄러지도록 스크루볼트를 설치한다.
3. 칸막이벽의 고정은 스크루볼트로 하고 상부는 세틀링 스페이스로 남겨 둔다. 세틀링 폭은 벽체 높이×0.06+2cm로 한다.
4. 벽체가 마감되면 세틀링 스페이스를 감추기 위해 세틀링 보드를 붙인다.

5. 벽체의 제작

통나무 목구조 방식의 경우 벽체에 마감 바탕재를 끼워야 하기에 공간보다 벽체가 더 크게 된다. 그래서 벽체를 미리 제작해 조립할 때 같이 조립하는 것이 효율적이다.

1

2

3

4

1. 설계도의 치수를 참고해서 키웨이에 들어갈 폭 만큼을 고려해 미리 벽체를 만든다.
2. 2×4 골조에 OSB와 방수지인 타이벡을 시공한다. OSB는 키웨이에 들어갈 날개를 좌우, 상단으로 2~3cm 정도 내준다.
3. 골조를 조립하면서 벽체도 같이 조립한다. 통나무 목구조 방식의 경우 미리 벽체를 제작해서 조립하면 공사 기간을 단축할 수 있다.
4. 실내의 나머지 칸막이벽은 2×4공법으로 제작한다. 각재는 16인치 간격으로 배치한다.

TIP 11 벽체 마감 시 주의 사항

벽체 중 통나무의 수축으로 인한 침하 현상인 세틀링이 일어나는 곳은 모두 세틀링 대책을 세워야 한다. 조적 벽체에 세우는 칸막이벽, 처마벽 부분과 목구조의 경우 기둥에 수축으로 인한 문제가 발생한다. 이런 부분들은 마감 작업을 하면서 미리미리 수축에 대한 대책을 세워 두지 않으면 중대한 하자의 원인이 된다.

5

6

7

8

5. 내부 목공공사가 진행되면 적절한 시기에 전기공사를 같이한다.
6. 벽체에 단열재를 채운다. 단열재를 시공할 때는 따뜻한 쪽에 방습지가 오게 하고 빈틈이 생기지 않도록 잘 펴서 타카로 고정한다.
7. 석고보드나 루버를 시공한다. 석고보드는 습기를 먹지 않도록 바닥에서 1cm 정도 띄워 주고 나사가 종이를 뚫고 들어가지 않도록 한다.
8. 최종 마감재는 취향에 따라 도배나 페인트 마감을 하면 된다. 하단은 루버로 처리하고 상단은 도배하기도 한다.

박공 벽체

1

2

1. 처마벽을 작업할 때는 주도리에 외부 바탕재를 끼울 홈을 만든다. 홈에 바탕재를 끼워 두지 않으면 통나무의 수축이 진행될 때 틈이 생긴다.
2. 외부 벽체는 키웨이를 가공해 바탕재를 끼우는 방식으로 마감한다. 이는 통나무가 수축해도 틈이 생기지 않게 하기 위해서다.

3

4

3. 처마벽 부분에는 방충망이 설치된 환기팬을 설치해 뜨거운 공기를 배출한다.
4. 나머지 작업은 일반 벽체 작업과 같게 한다. 각재로 벽체를 만들고 내부와 외부 작업을 한다.

6. 천장 마감

천장 마감 작업은 집 전체의 단열성에 지대한 영향을 미치는 중요한 작업이다. 같은 재질의 단열재라도 시공방법에 따라 단열 효과가 떨어질 수 있기 때문에 틈이 생기지 않도록 정밀하게 시공한다.

1

2

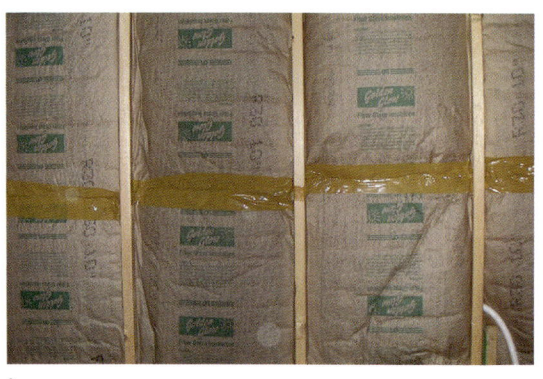
3

4

1. 천장에는 환기장치를 확보하기 위해 래프터 벤트를 시공하고 전기선도 배선한다. 1층 천장인 경우는 래프터 벤트는 시공하지 않는다.
2. 전기공사가 끝나면 단열재를 시공한다. 글라스울일 경우 울지 않도록 팽팽하게 고정한다. 이 위에 방습비닐을 덮기도 한다.
3. 단열 작업의 관건은 빈틈없는 시공이다. 열기와 습기가 빠져나가지 않게 철저하게 시공한다.
4. 석고보드 등 실내 마감재를 시공하고 필요에 따라 도배나 페인트 등으로 마감한다.

7. 외벽 마감

통나무집의 외벽은 어떤 소재로도 마감할 수 있다. 특히 통나무 목구조 방식의 경우 다양한 소재로 마감을 할 수 있다는 것이 큰 장점이다. 일반 목조주택처럼 만들 수도 있고 황토를 사용해 전통 건축물처럼 만들 수도 있다.

1) 황토벽돌

통나무집이 한옥과 같은 기능을 원할 때는 외벽을 황토벽돌이나 심벽으로 마감한다. 황토벽돌을 사용할 경우 단열성을 고려해야 하며, 시공시 통나무 벽체의 수축으로 인해 벽체와 기둥 사이에 틈이 생기는 것에 대한 대책도 세워야 한다.

2) 핸디코트

핸디코트 마감은 시공비가 저렴하고 작업이 쉽지만 내구성이 떨어지기에 통나무집 전체에 시공하기보나는 마감이 까다로운 삼각형 벽체 같은 곳에 부분적으로 시공하는 것이 좋다.

3) 비닐사이딩

비닐사이딩은 시공이 간단하고 가격도 저렴하다. 비닐사이딩은 계절에 따라 수축과 팽창을 반복하기에 통나무의 건조와 수축 현상에 대한 대응이 가능하다.

4) 베벨사이딩

베벨사이딩 등과 같은 목재 마감재는 통나무집에 잘 어울린다. 시공은 어렵지 않지만, 가격은 다른 재료에 비해 비싸다. 다만 통나무 기둥이 수축하면서 그사이에 틈이 생기는 문제가 있어 이에 대한 별도의 대책이 필요하다. 시공 후에는 목재 보호 도료를 칠해 준다.

5) 시멘트사이딩

시멘트사이딩은 내구성이 뛰어나고 불에도 강하며 수축팽창이 거의 없다. 시멘트사이딩은 도장이 필요하며 선택하는 색깔에 따라 집의 분위기를 바꿀 수 있다는 장점이 있다.

8. 창과 문의 설치

1) 세틀링에 영향을 받는 창의 설치

창과 문의 설치 시 중요한 점은 수직과 수평을 맞추는 것이다. 조적 방식의 통나무집에선 수축 침하되는 벽체에 설치하는 창과 문에 세틀링 대책을 세워야 한다. 세틀링 대책을 세우지 않으면 창문 자체가 벽체의 하중을 받게 돼 창문이 잘 열리지 않으며, 결국에는 창문 유리가 파손된다. 세틀링 스페이스의 폭은 창문 개구부 높이의 6%에 2cm를 더한 크기다.

1. 창틀 고정용 못을 박는 각재인 네이러에 키웨이에 들어가는 판인 키보드를 고정한다. 키보드는 앵글이나 각재를 사용한다.
2. 키웨이에 키보드를 끼운다. 너무 헐렁하지 않으면서 위아래로 자연스럽게 움직일 수 있을 정도의 유격을 지니게 한다.
3. 키보드의 고정은 세틀링에 지장이 없도록 개구부 최하단의 통나무에만 고정한다.
4. 개구부 하단과 창틀 사이로 빗물이 스며들지 않도록 팽창 개스킷(expandable gasket)이나 밀폐재를 설치한다.
5. 창틀을 세우고 쐐기로 수직과 수평을 잡아 네이러에 고정한다. 이때 상부에 남은 공간이 세틀링 공간이다.
6. 네이러와 쐐기를 감추기 위해 트림보드를 붙인다. 트림보드의 고정은 네이러에 한다.

7

8

7. 비닐 팩에 단열재를 넣어 세틀링 스페이스에 채운다. 단열재는 세틀링이 진행되면 조금씩 빼낼 수 있도록 소포장을 한다.

8. 세틀링 보드를 붙인다. 보드는 세틀링이 진행되면 아래로 내려오기에 분리해서 정리할 수 있도록 나사로 고정한다.

2) 세틀링의 영향을 받지 않는 창의 설치

1

2

3

1. 일반 목조주택과 같다. 창호의 수직과 수평은 쐐기를 이용해 잡기에 개구부 크기는 실제 문의 외경보다 1인치 크게 한다.

2. 창문의 설치는 제조사의 시방서에 준한다. 창문틀을 타고 빗물과 바람이 들어오지 않도록 방수 대책을 세운다.

3. 통나무를 횡으로 쌓아가는 통나무집의 창호는 세틀링(settling) 계획을 세워야 한다.

3) 문의 설치

문을 설치할 때 가장 중요한 것은 수직과 수평이다. 수직과 수평을 잘 잡아 주지 못하면 시간이 지날수록 문이 처지게 된다. 문은 정확하고 신중하게 설치해야 시간이 지나도 문제없이 여닫을 수 있다.

수공식 통나무집에서는 대문을 만들어 사용할 때도 있다. 자재들이 조금씩 남은 경우, 이런 자재들을 이용해 직접 문을 만들어 보는 것도 수공식 통나무집의 매력이다. 문을 제작할 때는 직각을 잘 잡고 단열이 되도록 한다.

1   2

1,2. 문을 사면 시방서를 참고해 문을 설치한다. 문에 경첩을 달 때는 수공 드라이버로 작업하는 것이 안전하다.
전동식은 힘 조절이 어려워 오히려 경첩의 강도를 떨어뜨릴 수 있다.

9. 계단의 설치

통나무집의 계단 설치는 세틀링 대책을 세우는 것 외에는 일반적인 계단 설치와 같다. 계단은 형태에 따라 곧은 계단, 꺾은 계단, 원형계단 등이 있다. 계단은 계단판 위로 항상 2m 이상의 공간이 확보되어 머리가 닿지 않아야 한다.

1   2

1. 곧은 계단 계단의 시작부터 끝까지 직선으로 이어져 있는 형태로 직선의 단순함 때문에 모던함과 간결함이 있다.
2. 꺾은 계단 직선형보다 층과 층간에 사생활 공간분리를 효율적으로 해준다. 중간의 계단참은 계단을 틀어주는 역할도 하지만, 휴식과 추락방지 역할을 하기도 한다.

4

5

3

3. 원형계단 곡선의 아름다움을 계단에 접목해 만든 계단으로 공간의 차지도 크지 않아 조밀함을 최대화할 수 있는 계단이다.
4. 계단의 세틀링 대책은 계단 상단과 2층 보가 세틀링의 진행에 따라 서로 미끄러지게 만든다.
5. 통나무를 사용해 계단을 만들 때는 두 개의 하프로그를 만들어 옆판으로 사용하고 여기에 계단판을 끼우거나 걸친다. 계단의 각도는 급하지 않게 한다.

10. 기초공사

기초는 통나무집의 중량을 충분히 감당하고 마루나 바닥의 난방을 쉽게 할 수 있도록 줄기초를 친 뒤, 되메우기하고 다시 상판 슬래브를 치는 방법을 많이 쓴다. 기초는 수평과 대각이 정확하게 맞도록 한다.

1. 기초를 팔 수 있도록 횟가루를 사용해 설계 치수대로 선을 그린다. 기초는 지표면에서 45cm 이상 내려가도록 한다.

1

2

3

4

5

6

2. 버림콘크리트를 타설하고 설계도의 치수보다 20cm 정도 크게 만든다. 정확하게 직각을 잡아서 작업한다.
3. 형틀을 설치하고 철근을 배근한다. 철근은 10~13mm 두께를 사용하며 횡근(橫筋)은 20cm 간격, 종근(縱筋)은 30cm 간격으로 배근한다.
4. 레미콘을 타설하고 양생이 된 후, 형틀을 제거하고 되메우기를 한다. 이때 필요하다면 전기와 설비, 정화조 공사도 같이한다.
5. 상부 슬래브에 배근한 후 레미콘을 타설한다.
6. 가기초 때와 같이 설계도대로 먹줄을 치고 각 먹줄의 끝은 기초 옆벽에 연장해 표시한다. 이 먹선에 토대의 먹선을 맞춘다.

11. 설비공사

통나무집의 설비공사는 세틀링 문제가 발생하는 부분에 대해 대책을 세워야 한다. 특히 조적 방식의 통나무집에서 2층이나 다락방에 화장실을 만들 경우, 통나무 벽체의 침하로 인해 배관에 문제가 생기지 않도록 잘 대처해야 한다.

1

2

3

4

1. 설비공사는 기초공사 단계에서부터 시작한다. 상하수도 모두 겨울철에 얼지 않을 정도의 깊이로 배관한다.
2. 층간을 통과하는 상하수도관의 경우, 세틀링 대책을 세운다. 배관이 지나가는 곳은 2×6나 2×8 각재로 벽체를 세워 배관할 공간을 확보한다.
3. 통나무 벽체가 노출되는 경우 도장을 철저히 해 습기로 인한 부패를 최대한 막아야 한다.
4. 욕실은 통나무집에서 가장 습기 발생이 많은 곳이다. 습기를 완전히 차단할 수 있는 구조로 만들고 방수 대책을 세운다.

12. 전기공사

통나무집의 전기공사는 세틀링에 영향을 받지 않는 방법으로 작업해야 한다. 전기공사를 소홀히 할 경우 누전으로 인한 화재가 발생할 수 있으므로 좋은 자재와 기술자를 구해 작업을 진행하는 것이 좋다.

전기공사는 벽체 조립 작업이나 마감 공사와 함께 진행하는데 각 공사와의 연계 작업이 중요하다. 실내 배선은 지붕 마감 작업이나 벽체 칸막이 작업과 병행한다. 우선 각재로 서까래와 칸막이 벽을 세우고 각재에 의지해 전기선이 통과할 관과 콘센트 박스 등을 설치한다. 작업의 진행 상황에 따라 관속으로 전기선을 배선하고 콘센트 박스 등을 설치해 마감 작업을 한다. 마감 작업이 끝나면 콘센트와 조명 등을 설치한다. 조적 방식의 통나무집 배선 방법은 벽체를 드릴로 뚫고 그 속에 전선을 통과시키는 방법과 칸막이벽을 이용해 배선하는 방법이 있다. 벽체에 전선을 통과시킬 때는 미리 위치를 정해 구멍을 뚫는다. 배선은 가능하면 수직으로 하고 드릴 구멍은 최단 거리로 뚫어 세틀링이 일어나도 전선이 찌그러지지 않게 한다. 그루브를 통한 수평 배선은 피하는 것이 좋고 짧은 거리로 배선하는 것이 세틀링 문제를 최소화할 수 있다. 1층은 벽체 외곽을 따라 배선하고 1층에서 2층으로 올라가는 배선은 칸막이벽을 이용한다. 배전반은 세틀링에 관계없는 칸막이벽에 설치하는 것이 좋다.

1

2

1. 콘센트나 스위치를 통나무 벽체에 설치할 때는 곡면대패로 평면을 만든 다음 드릴과 끌을 이용해 콘센트 박스 자리를 만든다.
2. 전기 배선공사는 서까래와 2층 장선 칸막이벽 등의 2×4 골조가 만들어진 뒤에 작업한다. 전기 배선공사가 완료되면 단열재와 마감재를 시공한다.

13. 기타 공사

1) 벽난로

통나무집의 보조난방으로는 벽난로가 잘 어울린다. 주 난방은 온수보일러나 온돌 같은 바닥 난방으로 하고, 거실 등의 난방에 벽난로를 사용하면 겨울철 난방비를 절감할 수 있고 여름철에는 환기 장치로 이용할 수 있다. 벽난로를 설치할 때는 위치 선정에 주의해야 한다. 벽난로를 거실 한가운데 놓으면 열효율은 높아지지만 관리하기가 불편하다. 장작을 나르고 재를 치우다 보면 벽난로 주위가 더럽혀질 수 있기에 출입구 근처에 설치하는 것이 좋다.

벽난로 설치 시 가장 유의할 점은 화재 예방이다. 벽난로가 설치되는 곳에는 주변에 45cm 이상의 벽난로 대를 설치해 불똥이 떨어져도 안전하게 한다. 벽면 쪽에 설치할 때는 내화벽돌과 같은 내열재로 벽난로 대를 만들어 열이 직접 벽에 전달되지 않도록 한다. 이때 벽면과의 사이에 3cm 정도의 공기층을 두면 난로 열에 의해 벽면이 타는 것을 막을 수 있다. 커튼이나 소파와 같은 가연물은 벽난로 본체로부터 1m 이상 떨어지게 한다. 연통은 최소한 45cm 이상 떨어지게 하는 것이 화재로부터 안전하다.

벽난로의 쾌적성과 안정성을 좌우하는 중요한 요소가 연통이다. 장작 난로는 자연적인 상승기류에 의해 연소가스를 배출시켜 효율적인 연소가 가능하게 되어 있다. 연통은 반드시 이중 연통을 사용하도록 한다. 그렇지 않으면 연도 내의 연소가스 온도가 내려가 상승기류가 발생하지 않아 효율이 떨어진다. 연기 온도가 149°이하가 되면 타르로 변해 연통에 붙게 된다. 연통 내의 타르는 화재의 원인이 되므로 가끔 연통의 타르를 청소해 주는 것이 좋다.

연통은 직선 형태가 가장 효율이 높다. 가능하면 난로에서부터 연통까지의 길이가 4m 이상 되는 것이 좋다. 연통 끝부분에 설치하

는 역풍 방지기는 용마루보다 최소 60cm 이상 높게 설치한다. 연통이 지붕을 통과할 때는 방수 대책과 불연 대책을 확실하게 세워야 한다. 조적 방식일 경우 세틀링 대책도 같이 세우지 않으면 안된다. 실링팬(ceiling fan)을 설치하여 상승한 공기를 강제 순환시켜 주면 벽난로의 효율성이 높아진다.

2) 데크(Deck)

통나무집에서 데크는 선택이 아닌 필수 공간이다. 통나무집에 데크가 없으면 집이 완성되지 않은 듯한 느낌을 준다. 도시처럼 공간의 여유가 없는 경우는 어쩔 수 없지만, 여유 공간이 있다면 반드시 만든다. 데크는 자연을 느끼며 책을 읽거나 식사를 하는 등 거실의 연장 공간 같은 역할을 한다. 전원에 통나무집을 지을 경우 데크는 외부에서 묻어온 흙을 터는 등의 실용적인 측면도 많다.

데크는 기초와 데크판, 난간으로 구성된다. 데크는 통나무집 본채만큼 하중이 나가지 않기에 독립기초로도 충분하다. 데크를 독립기초로 만들면 공기 유통도 좋아지고 데크 하부 공간을 수납공간으로 이용할 수도 있다. 데크는 본채보다 10cm 정도 낮게 설치해 빗물이 본채에 튀는 것을 막는다. 데크의 재료는 방부목을 사용하고, 못은 방청 스크루 못을 사용해 부패와 삐걱거림을 막는다. 데크 상판은 수축과 팽창에 대비해 1cm 정도 여유 공간을 둔다. 난간은 약품 처리한 방부목보다는 간벌한 소나무 등으로 자연스러운 멋을 내는 것이 좋다.

데크는 본동과 별도로 설치하는 것이 유지와 보수에 편하다. 처마가 있어 비로부터 보호받는 본채와 달리 데크는 비와 햇빛에 노출되기 때문에 부패 속도가 빠르다. 본동과 데크를 분리해 시공하는 것이 부후균의 전파를 막고 보수공사도 편하게 할 수 있다.

3) 스크루 잭

스크루 잭은 조적 방식의 통나무집에서 세틀링(수축 현상)이 일어나는 곳에 기둥을 세울 때 세틀링에 대응하기 위해 사용한다. 세틀링이 끝날 때까지 수시로 스크루 잭을 조절해 준다. 조절 시기를 놓치면 하중이 걸려 스크루 잭이 잘 돌아가지 않기 때문에 주기적으로 조절해 주는 것이 좋다. 지름 32mm 이상의 것을 사용한다.

4) 칭크 작업

조적 방식의 통나무집인 경우 통나무 벽체가 수축하면서 노치와 그루브 부분에 틈이 생기는 경우가 많다. 어느 정도 수축이 진행돼 더 수축이 일어나지 않는 시점에서 수축과 팽창에 대응할 수 있도록 신축성 있는 통나무 전용 칭크재로 이 틈을 메워 준다. 칭크재를 사용할 때는 넓은 부분을 백업재로 채우고 마스킹테이프를 붙인 다음 칭크재를 시공한다. 노치만을 작업하고 칭크재로 그루브를 메우는 방법을 아메리칸 칭크 스타일이라 한다.

5) 통나무집의 보존

장기적으로 통나무집을 보존하기 위해선 정기적인 보수작업이 필요하다. 정기적인 보수작업을 통해 통나무집을 원형대로 유지할 수 있다. 벽체에 쌓인 먼지를 떨어내는 것만으로도 많은 도움이 된다. 수축으로 금이 간 통나무의 외부는 빗물이 들어오지 않게 칭크재로 막는 것이 좋다.

(1) 목재 보호 도료의 도장

목재 보호 도료는 목재의 수분 흡수와 방출을 원활하게 하고자 침투성으로 개발됐다. 방부제와 방충제, 발수제가 배합됐으며 나뭇결을 감추지 않을 정도의 착색 안료가 섞여 있다. 목재는 자외선에 의해 탈색되는데 이 착색 안료로 인해 자외선이 차단돼 탈색되는 것을 막아 준다. 연한 색보다는 진한 색이 자외선 차단에 효과적이다. 목재 보호 도료는 시중에 여러 가지 제품이 나와 있다. 각각 장단점이 있으므로 성분과 효과를 잘 확인한 후 사용하도록 한다.

1

2

3

4

1. 목재 보호 도료의 색깔은 수종과 원목의 상태에 따라 다르게 나타날 수 있다. 실험적으로 칠해 본 다음 알맞은 색상을 선택하는 것이 좋다.
2. 집 전체를 재도장할 때는 맑고 바람이 약간 부는 날이 좋다. 작업은 위에서 아래로, 좁은 부분에서 넓은 부분으로 칠해 간다.
3. 통나무집을 잘 보존하기 위해선 비로부터 벽체를 보호하고 공기 유통을 원만히 해주는 것이 중요하다.
4. 노치와 그루브 같은 곳에는 목재 보호 도료를 발라 균의 발생을 막는 것이 중요하다.

1 횡성 한국통나무학교 _ (1)세심청

자연과 어우러진 별장형 통나무집

세심청(洗心廳). 이름이 예사롭지 않다. 깊은 숲속, 개울 옆에 있는 통나무집에서 마음을 씻는다는 뜻의 세심(洗心)을 마음 안에 들인 주인의 생각과 삶이 담겨있는 기품 있는 집이다. 1층을 자세히 들여다보면 비대칭이지만, 전체적으로 대칭 구조를 이루며 2층은 비대칭이다. 2층 우측은 현판과 유리창을 상하로 배치하고, 왼쪽은 통나무와 회벽으로 마감했다. 숲속에 있는 아담한 통나무집의 세심이란 말이 물처럼 부드럽게 감긴다.

세심청은 기둥을 세워 집을 지지하는 포스트 앤 빔(post & beam) 통나무집으로 내·외부는 스타코플렉스, 지붕은 아스팔트싱글로 마감했다. 포스트 앤 빔(post & beam) 통나무집은 우리의 전통한옥처럼 굵은 나무로 기둥,

17py (56㎡)

위 치	강원도 횡성군 강림면 월안길 88
건 축 면 적	44㎡(13.31py)
연 면 적	56㎡(16.94py)
1 층 면 적	44㎡(13.31py)
2 층 면 적	12㎡(3.63py)
구 조	통나무주택
외 부 마 감	스타코플렉스
내 부 마 감	강화마루, 스타코플렉스
지 붕 재	아스팔트슁글
설계·시공	한국통나무학교
취 재 협 조	한국통나무학교 033_342_9597

마음을 씻는, 다시 말해 수양을 하는 집이란 뜻의 세심청(洗心廳)이다. 청(廳)은 개인의 집의 아니라 공적인 일을 수행하는 집으로 '듣는 집'이란 의미를 지니고 있다.

보, 도리 등 뼈대를 세우고 기둥과 기둥 사이의 공간을 건축자재로 마감한다. 뼈대의 자연스러움과 견고함, 그리고 지붕에 기능 좋은 건축자재를 사용함으로써 고전미와 자연미, 기능성을 두루 갖춘 집이 되었다. 우리나라 대부분 주택은 바닥 난방을 적용하기 때문에 기초는 콘크리트 바닥이 있는 통기초를 주로 한다. 그러나 이 집은 그리 크지 않은 규모에 바닥 난방을 하지 않고 마루를 깔기 위해 기둥을 세워 집을 지지하는 독립기초를 했다. 독립기초가 간단하고 비용도 저렴할 것 같지만, 실제로는 그렇지 않다. 독립기초에서는 빗물이 집 아래로 흘러 들어가는 것을 방지하기 위해 지반선(地盤線)을 약간 높인 바닥 콘크

이른 새벽 새하얀 눈이 소복이 내려 앉은 깊은 숲속의 통나무집

리트 기초가 있어야 한다. 또 독립기초 기둥 위에 마룻보를 설치하고 마룻보 위에 마루를 깔아야 한다. 여기까지가 기초 비용에 포함되므로 통기초에 비해 공정이나 비용이 간단치가 않다. 독립기초의 장점은 기초 높이만큼 집 아래에 비에 젖지 않는 수납공간이 생긴다는 것이다. 세심청은 1층에 비교적 넓은 거실과 주방을, 2층에는 작은 침실을 배치하였다. 2층 침실은 낮고 좁지만, 침실의 역할로는 충분하고 대부분의 활동은 1층 거실을 중심으로 이루어진다.

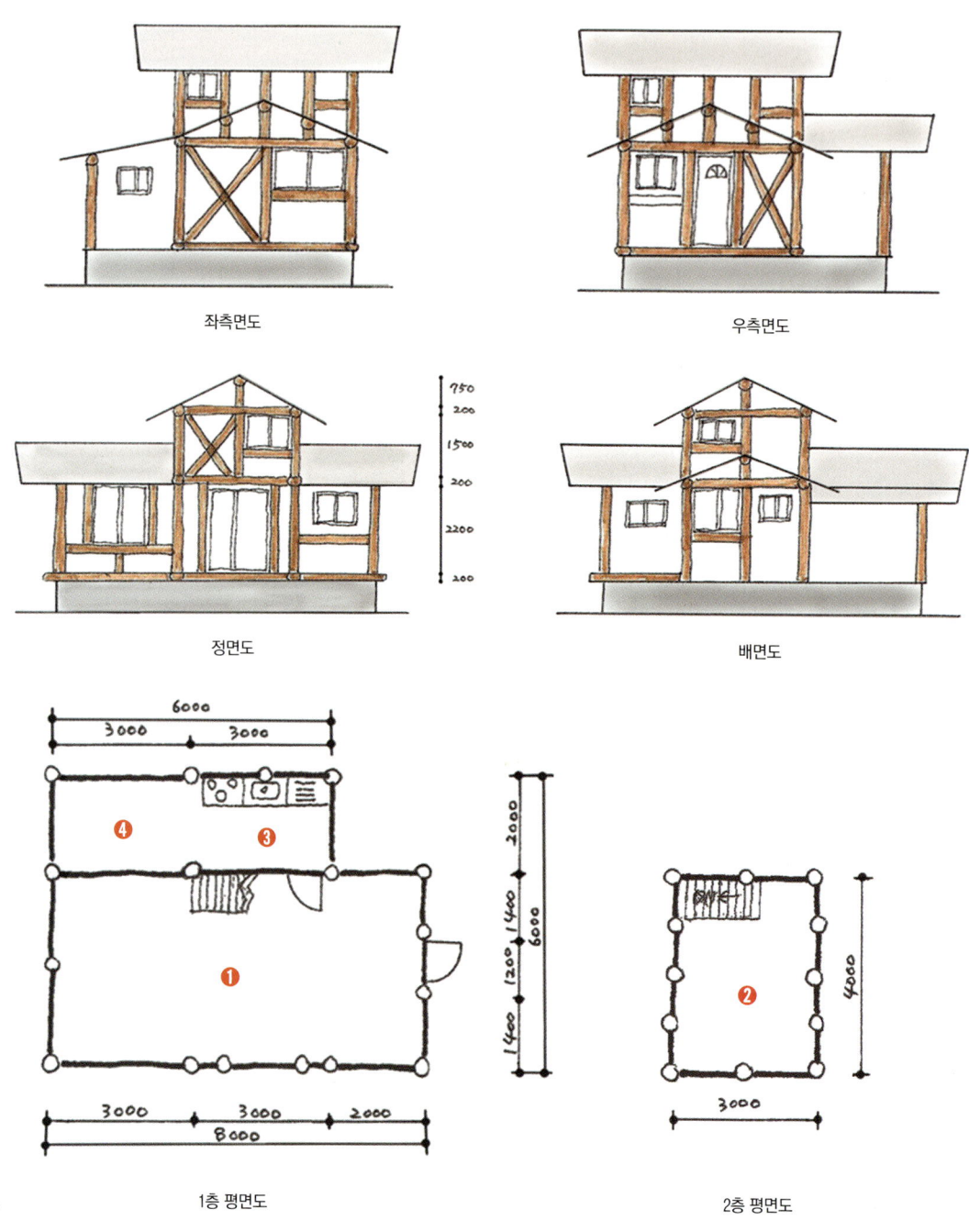

좌측면도

우측면도

정면도

배면도

1층 평면도

2층 평면도

❶ 거실　❷ 침실　❸ 부엌　❹ 다용도실

1

2

3

1_ 중앙은 2층으로 하고 양옆으로는 단층으로 건축했다. 지반에 바로 집을 짓지 않고 한 단 높인 독립기초 위에 지었다.
2_ 개울 건너편에서 바라다본 모습으로 주변과 잘 어우러진 숲속의 집이다.
3_ 정면에서 보면 좌우가 대칭 구조이나 측면에서 보면 변형된 모습으로 방향에 따라 다르게 보인다.

1

2

3

1_ 단순하면서도 간결한 맞배지붕 삼량가의 입면으로 중심은 강하게 유지하면서 부분적으로는 다른 구성을 보인다.

2_ 벽면의 구성이 절묘하다. 분할한 벽면이 다른 모습으로 독립적이면서도 전체적으로 조화를 이룬다.

3_ 지붕을 길게 내어서 비나 여름에 빛이 들지 않도록 하였다. 야외 데크에 지붕의 처마가 유용한 공간을 만들어준다.

1

2

3

4

5

6

1_ 중간에 나무를 엇갈리게 가새를 댄 것이 전부인데 밋밋하던 벽면이 살아 있는 벽면이
　되었다.
2_ 벽체가 흰벽으로 마감되어 밋밋한 느낌이 드는데 사선으로 걸쳐놓은 목재 하나가
　새로운 입면을 만든다.
3_ 정면에도 넓은 야외 데크를 놓아 이동의 편리성을 고려하였다.
4_ 맞배지붕 오량가 입면의 벽체와 처마로 통나무의 우직함이 그대로 드러나 보인다.
5_ 야외 데크와 넓은 마당, 그리고 이어지는 숲이 편한 전원주택지의 이미지를 전한다.
6_ 데크가 평지보다 훨씬 높아, 전망이 뛰어난 옥외 거실의 역할을 톡톡히 해내고 있다.

1

2

3

4

5

1_ 통나무집은 자연 그대로의 원목을 사용하는 것이 핵심이다. 있는 그대로의 모습으로 지어져 자연스럽고 투박하다. 이것이 통나무집의 매력이다.

2_ 통나무주택은 목재 자체가 훌륭한 내장재 역할을 하므로 특별한 내장재를 쓸 필요가 없다. 이 집의 내부마감은 골조를 노출해 목조의 질감을 그대로 살렸다.

3_ 용자살 문과 창을 크게 내서 밖의 풍경을 안으로 끌어들였다.

4_ 2층으로 구성된 부분은 반자 처리를 하고 나머지는 지붕선을 따라 천장을 마감하였다.

5_ 집을 구성하고 있는 재료가 통나무이고 의자와 가구까지도 통나무를 다듬어 만들었다.

1

2

3

4

5

1_ 밖을 보며 차를 즐기는 완상의 공간이다. 좌우대칭으로 꽉 짜인 구성으로 벽면을 만드니 질서가 보인다.
2_ 나무 외에는 어색하게 느껴질 만큼 나무의 천국이다. 바닥은 강화마루로 마감했다.
3_ 나무와 나무가 직각으로 연결될 때 구조적으로 견뎌야 하고, 외관상 자연스러워야 하며, 만들기도 편안한 접합을 적용해야 하는 것이
　　포스트 앤 빔(post & beam) 통나무집에서 가장 중요한 일이다.
4_ 목구조를 한눈에 볼 수 있는 공간으로 계단의 난간에 마음이 쏠린다. 장인이 자연을 대하는 마음의 한 부분을 읽을 수 있다.
5_ 계단 난간이 이처럼 독창적일 수 있을까. 이 집에서만 볼 수 있는 독특함이다. 질서를 주장할 때 파격이 끼어들게 하는 것이 예인의 경지다.

1

2

3

4

1_ 중심이 확실하게 잡혀있고 견고하게 대칭을 이루고 있어 안정감이 있는 공간이다.
2_ 통나무들이 제 자리를 차지하고 있어 안정과 질서가 보인다.
3_ 골조 제작은 나무의 원래 모습을 최소한으로 손상해 만드는 것이 나무의 변형을 최소화할 수 있기 때문에 결국 기계화할 수 없고
　 핸드메이드가 될 수밖에 없다. 계단은 통나무의 한쪽 면을 다듬어서 만들었다.
4_ 노출된 천장도 멋지지만, 더 멋진 것은 전등을 끼우는 틀이다. 발상이 창의적이다.

1

2

3

4

1_ 거실 옆으로 다용도실을 겸한 주방을 만들었다.
2_ 2층에 배치한 작은 침실로 주변이 잘 정리정돈 되어 있다.
3_ 경사 지붕에 천창을 설치해 채광의 유입뿐만 아니라
　　건축주의 감성을 자극하는 한 요소가 되었다.
4_ 2층에서 내려다본 계단의 모습이다.

2 횡성 한국통나무학교 _ (2)대피소

통나무학교의 중심 공간, 대피소

대피소는 통나무학교의 중심 공간인 본채로 한국통나무학교의 위엄을 지키고 있는 통나무집이다. 명인이 지은 작품으로 단순하면서도 자연스럽다. 대피소 정면에는 포치를 만들어 휴식을 취하고 음식도 먹으면서 불시에 방문한 동네 사람들과 차도 한잔할 수 있는 그늘이 있는 휴식공간으로 활용하고 있다.

바닥 난방을 하지 않는 서양 집들의 기초는 대부분 줄기초이다. 줄기초는 건물 외곽선을 따라 담을 쌓듯이 기초를 만들고 가운데는 비어있는 상태를 말한다. 대피소의 난방은 화목난로를 사용하기 때문에 바닥이 콘크리트가 아닌 마루로 되어있고 따라서 기초도 줄기초로 하였다. 대피소는 포스트 앤 빔(Post & Beam) 방식으로

통나무주택

25py (82.45㎡)

위 치	강원도 횡성군 강림면 월안길 88
건 축 면 적	82.45㎡(24.94py)
연 면 적	82.45㎡(24.94py)
1 층 면 적	71.9㎡(21.75py)
포 치 면 적	10.55㎡(3.19py)
구 조	통나무주택
외 부 마 감	스타코플렉스
내 부 마 감	원목마루, 스타코플렉스
지 붕 재	아스팔트싱글
설 계 · 시 공	한국통나무학교
취 재 협 조	한국통나무학교 033_342_9597

통나무집을 횡축으로 길게 일자형으로 지었다. 중앙에 포치를 만들어 건물의 고급화와 인지도를 높이는 효과를 얻었다. 그늘을 만들기도 하고, 내부로 들어가는 직사광선을 차단하기도 하고, 비를 막아주기도 하는 다용도 전이 공간이다.

지은 통나무집으로 최대 장점은 역시 증축이 손쉽다는 점이다. 대피소도 처음에는 평면도 우측의 식당과 홀이 있는 건물만 있었다. 후에 식당과 관련된 수납공간의 필요성과 주 식수원인 우물의 동결을 방지하기 위해 기다랗게 생긴 평면도 좌측의 다용도실을 증축했다. 본채는 줄기초 위에 설치되어 있지만, 다용도실은 식량을 보관해야 하는 특성상 땅바닥에 직접 설치하여 본채와 다용도실의 바닥 높이차가 60cm 정도 난다. 대피소는 통나무학교에서 가장 활용성이 높은 건물로 식당, 사무실, 휴게소, 강의실 등의 여러 기능을 소화하고 있다. 오량가 가구구조의 통나무집으

박공지붕의 측면으로 자연스럽게 기둥·보를 노출하고 스타코로 마감하였다.

로 노출된 천장과 가지런한 마감재, 전체와 잘 어우러지는 바닥과 차경을 들인 통유리가 열린 공간임을 확인시켜 준다. 내부는 나무 자체가 장식이며 하나의 풍경으로 다가온다. 가구구조가 단순하고 자연스러워 속이 후련해지는 집이다.

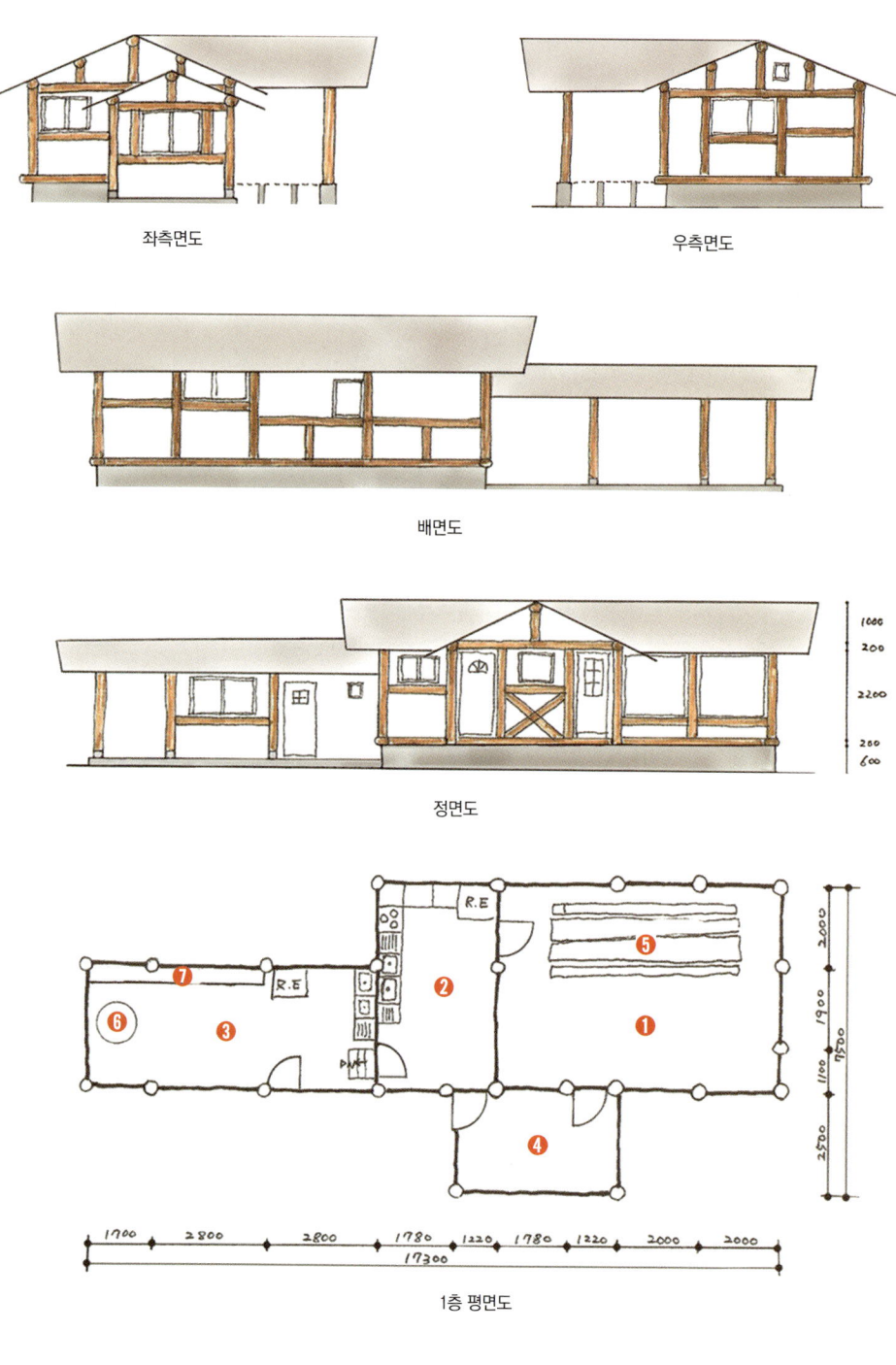

좌측면도

우측면도

배면도

정면도

1층 평면도

❶ 홀 ❷ 부엌 ❸ 다용도실 ❹ 포치 ❺ 피크닉테이블 ❻ 우물 ❼ 선반

1

2

3

1_ 한국통나무학교라는 현판이 선명하다. 집을 짓기 위해 땅을 고르고 흙의 유실을 막기 위해 축대를 쌓고 돌로 마무리한 것인데 자연스럽다.
2_ 통나무집을 공부하는 사람들의 요람인 한국통나무학교를 들어가는 입구다. 이 길을 밟아야 비로소 통나무집을 짓는 장인이 될 수 있다.
3_ 꾸미지 않은 자연스러운 집이다. 계단도 간단하게 구성하였다.

1

2

3

4

5

6

7

8

9

10

1_ 맞배지붕으로 지붕을 떠받치고 있는 기둥 외에 어떤 다른 장식물 없이 천장을 직선의 루버로 깔끔하게 마감했다.

2,3_ 한국통나무학교의 상징물 같은 포치다. 단순한 구조로 지어진 본채에서 단연 돋보이는 곳이다.

4_ 신발을 벗지 않고 앉아 쉴 수 있는 공간이 필요한데 이 집에서는 현관 앞쪽의 포치가 그 역할을 한다.

5_ 건물에서 흰색과 통나무 색 외에는 다른 색을 찾아볼 수 없다. 어디를 둘러봐도 단순하고 간결하게 처리했다.

6_ 원목으로 만든 테이블을 다시 샌딩하고 오일스테인을 바르는 작업을 반복해서 깔끔해졌다.

7_ 대들보를 길게 건너질러 구성한 무고주 오량가이다. 건축구조가 그대로 드러나 시원스럽다.

8_ 한때 집 지을 때 유용하게 쓰였을 톱이 강렬하게 시선을 잡는다. 원목마루로 마감한 바닥이 학교의 오랜 역사를 말해주듯 고풍스럽다.

9_ 통나무집 학교답게 벽에 연장이 가지런하게 걸려있다. 노출형 벽난로도 한 자리를 차지한다.

10_ 벽체는 스타코플렉스로 마감하고 창은 통유리로 크게 만들어 밖을 조망할 수 있게 했다.

1

2

3

1_ 기본에 충실한 통나무집이다. 모든 사물이 제자리를 찾아 안정되어 있다.
2_ 벽체를 스타코플렉스의 흰색과 목재의 브라운 계열로 조합하니 색상의 대비를 이루며 깔끔하다.
3_ 지붕을 받치고 있는 원초적인 통나무 보와 기둥이 그대로 노출되어 있다. 동자대공은 다듬기만 하고 투박하게 자연 그대로 사용했다.

1

2

3

4

5

1_ 한국에 캐나다식 통나무학교의 길을 열어준 앨런맥키 선생의 사진이 붙어있다.
2_ 두꺼운 널판을 띳장에 이어 붙여 만든 널판문으로 걸어있는 도끼가 문의 손잡이다. 통나무학교다운 발상이다.
3_ 바닥마감재인 원목마루는 통나무집과 궁합이 잘 맞아 서로 조화를 이룬다.
4_ 벽면에 장식장을 만들어 대패들과 소품들을 종류별로 나열해 놓았다.
5_ 가로 지은 대들보에 가지런하게 장식품을 붙여 놓았다.
　한국통나무학교의 역사를 살펴볼 수 있는 자료들이 벽면을 장식하고 있다.

1

2

3

4

1_ 출입구의 모습으로 시원한 느낌의 탁자와 의자가 시선을 끈다. 원형통나무를 사용해서 의자의 측면과 탁자의 곡면이 잘 어울린다.
2_ 통나무를 다루는 곳이어서 주방에 쓰이는 가구들은 필요에 따라 손수 만들어 사용하고 있다.
3_ 탁자와 의자는 장식도 꾸밈도 없이 통나무 그대로 만든 핸드메이드 제품이다. 원형통나무를 켜서 반통나무로 테이블을 만들었다.
4_ 찬장이나 그릇장의 역할을 할 수 있도록 틀을 만들었다. 무엇보다 기둥에 설치한 작은 선반의 나무받침대는 생긴 그대로의 원목으로 눈에 띈다.

1

2

3

1_ 교육생들에게 음식을 제공할 수 있는 규모 있는 주방으로 정리정돈이 잘 되어 있다.
2_ 수납공간의 필요성과 주 식수원인 우물의 동결을 방지하기 위해 다용도실을 증축했다.
3_ 욕실 내부는 친환경 자재인 원목 루버를 두루 사용하였다.

3 횡성 한국통나무학교 _ (3)맥키기념관

통나무집의 기념비적인 맥키기념관

맥키기념관의 통나무집은 1999년 통나무집의 대부 앨런맥키(Allan Mackie) 선생과 당시 통나무학교 졸업생들이 만든 우리나라 통나무집 역사에서 의미 있는 기념비적인 수공식 통나무집이다. 구조는 전형적인 서양 다락방 형태의 맞배지붕이다. 아우트리거(Outrigger) 밑으로 도리를 걸어서 1층보다 2층이 오히려 넓은 점이 특이하다. 통나무집은 크게 노치(Notch) 방식과 포스트 앤 빔(Post & Beam) 방식으로 나누어진다. 우리 전통가옥의 구조와 비슷한 포스트 앤 빔 방식은 기둥·보 구조로 비슷하고, 노치 방식은 산간지방에서 발달한 귀틀집과 유사하나 노치(notch)나 그루브(groove) 기법을 적용하여 더욱 발전된 방식으로 발전하였다. 노치 방식의 통나무집은 나

30py (98㎡)

위　　　치	강원도 횡성군 강림면 월안길 88
건 축 면 적	45.5㎡(13.76py)
연 면 적	98㎡(29.65py)
1층 면 적	45.5㎡(13.76py)
2층 면 적	52.5㎡(15.88py)
구　　　조	통나무주택
외 부 마 감	통나무
내 부 마 감	강화마루, 통나무
지 붕 재	아스팔트싱글
설계·시공	한국통나무학교
취 재 협 조	한국통나무학교 033_342_9597

맥키기념관은 우리나라 통나무집의 역사에서 중요한 의미가 있는 집이다. 노치 방식으로 지은 수공식 통나무집으로 통나무주택 방식의 전형을 보여준다.

무를 횡으로 눕혀 쌓아 올리는 공법으로 벽체 전체가 통나무로 구성되기 때문에 과거 통나무 외의 건축 자재를 구하기 어렵던 시절에 많이 지었던 형식의 통나무집이다. 노치 방식의 통나무집은 집이 지어진 후 나무의 건조로 인한 수축, 전체 무게에 의한 압축 등으로 가라앉음(Setting)이 발생한다. 가라앉음 때문에 문, 창, 기둥 등 수직으로 설치된 모든 것에는 특별한 조치를 해주어야 한다. 약 3개월 간격으로 적어도 3년 동안 지속해서 관리해야 한다. 집주인이 원리를 잘 이해하고 적절한 기술과 공구를 갖추어야 한다.

수공식 통나무집은 투박하지만, 친근감이 있어 보이고 주변의 아름다운 산세와 절묘한 조화를 이룬다.

맥키기념관은 통나무집의 전형을 보는 듯하다. 외부와 내부 모두 수공식 통나무로 지었다. 안 벽면에 걸려있는 인스퍼레이션(Inspiration)이란 단어 하나가 눈을 끈다. 인스퍼레이션은 창조적인 일의 계기가 되는 번득이는 착상이나 자극을 말한다. 또는 영감(靈感)이라고도 한다. 통나무집은 창조적인 영감으로 지어져야 한다는 무언의 표현이다.

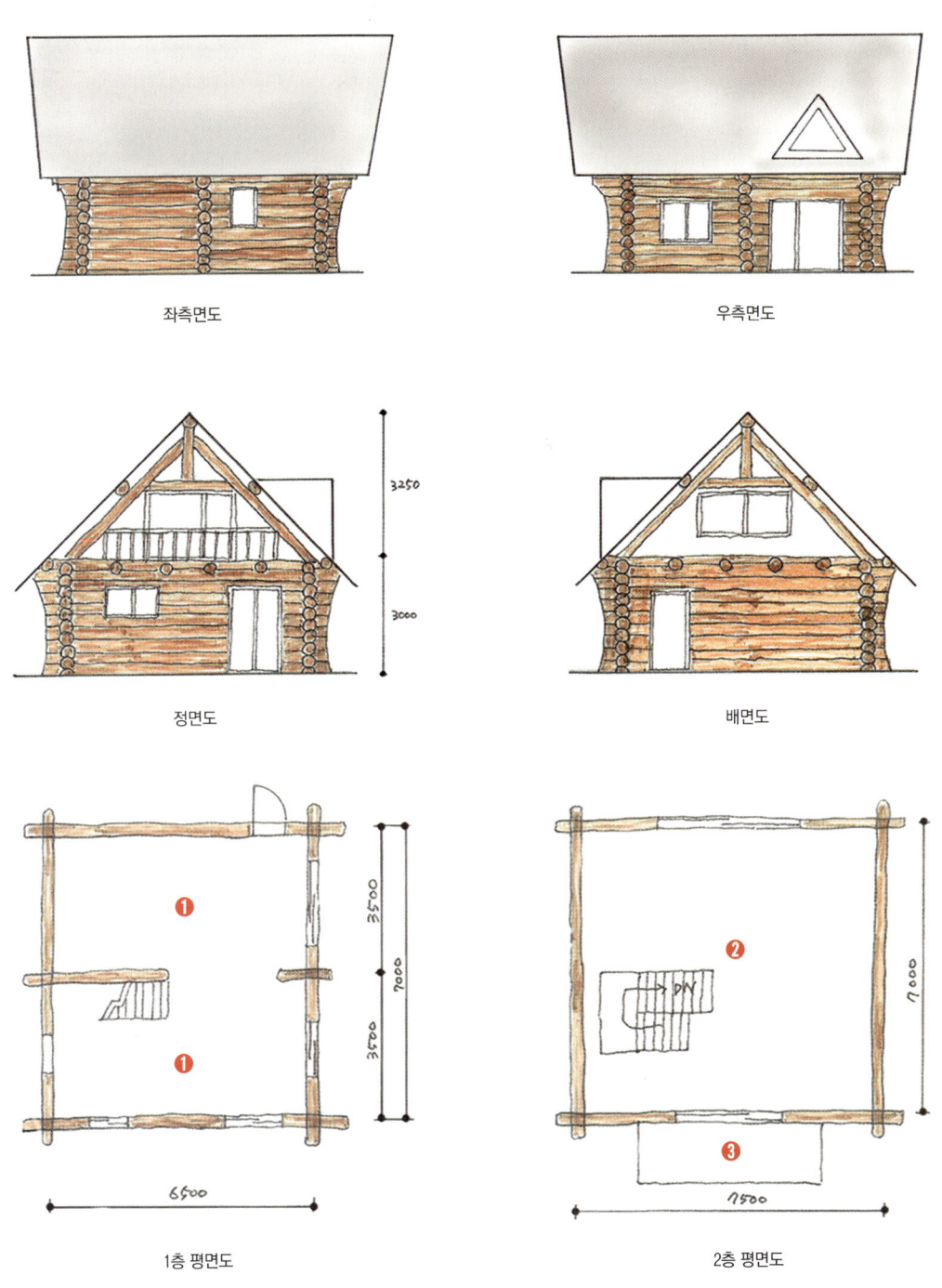

좌측면도

우측면도

정면도

배면도

1층 평면도

2층 평면도

❶ 홀 　❷ 침실 　❸ 발코니

1

2

3

4

5

1_ 박공지붕의 형태로 단순한 평면구조의 통나무집이다. 지면에 바로 집을 앉히지 않고 독립기초로 띄워서 지었다.
2_ 맥키기념관 2층의 구조는 전형적인 서양 다락방 형태로 아우트리거 밑으로 도리를 걸어서 1층보다 2층이 오히려 넓다는 점이 특징이다.
3_ 거실 입구에 둥글게 깎아 세운 벽이 아늑한 분위기를 자아내고 높은 천장은 시야를 시원스럽게 해준다.
4_ 주택 내부도 통나무가 그대로 드러나도록 처리하여 벽지나 페인트 등 별다른 마감 없이도 그 자체만으로 훌륭한 장식 효과를 거둔다.
5_ 원칙을 고수하되 군더더기 하나 없이 목적을 이루어내는 것이 장인의 진정한 능력이다. 손 볼 곳 없이 깔끔한 모습이다.

1

2

3

1_ 창호가 들어가지 않는 개구부를 U그루브로 단면의 접합부를 매끄럽게 처리하였다.

2_ 문과 창은 현대식 시스템창호를 달았다. 원목으로 만든 탁자도 본체를 닮아 간결하다.

3_ 2006년 맥키기념관 준공식 때 통나무의 대부인 앨런맥키 선생이 직접 조각한 간판이 맥키기념관 바깥에 걸려 있었다.
다시 잘 다듬어서 실내로 옮겨 걸었다.

1

2

3

4

5

6

1_ 어디에도 종축의 선이 보이지 않는다. 노치 방식으로 통나무를 쌓아 올린 횡축만으로 공간을 만들어 안정감이 있고 편안한 느낌이다.

2_ 통나무를 가지런하게 쌓은 조적방식의 수공식 통나무집 칸막이를 곡면의 아치 커트(arch cut)로 내부의 분위기를 부드럽게 완화했다.

3_ 내부 전체를 드러낸 모습으로 꾸밈도 조작도 없는 조적방식의 수공식 통나무집이다. 계단부의 모양이 그나마 단조로움을 깨고 있다.

4_ 맥키기념관의 2층 모습이다. 지붕을 받친 통나무 구조가 그대로 드러나 있다.

5_ 간단하게 만든 난간대 없는 나무계단으로 계단참을 장식대가 받치듯 만들어서 일체감이 있다.

6_ 경사 지붕에는 채광과 다락의 로프트를 고려하여 거주성을 높이려는 의도로 큰 도머를 설치하는 예가 많다.

1

2

3

4

5

6

7

1_ 기둥과 보로 쓰인 통나무는 재활용의 흔적이 보이고 투박하다. 가지런하게 서까래를 대고 판재로 촘촘하게 마감했다.

2_ 스트링거에 ㄴ자형 홈을 파서 디딤판을 얹었다. 투박하면서도 통나무집과 조화를 이루는 구성미가 돋보인다.

3_ 통나무를 일일이 손으로 깎아 시공하는 수공식 통나무집으로 사람의 손때가 묻어있어 친근할 뿐 아니라 시간이 지날수록 깊은 정이 든다.

4_ 횡으로 건 통나무 아래에 잘 짜인 창문으로 간결하고 깔끔하게 멋을 부렸다.

5, 6_ 지붕선과 서로 의도하고 만난 듯하다. 처마 안으로 발코니를 설치하였다.

7_ 2층에서 바라본 계단으로 가장 기본적인 구성으로 만들었다.

4 대천 통나무펜션리조트 _ 스위트룸

작은 규모의 단독형 통나무 펜션

작은 집이 아름답다. 바닷가에 있는 통나무마을에 1층 53.82㎡(16.28py), 2층 30.24㎡(9.15py)로 예쁘고 아담한 25평(84.06㎡) 규모의 통나무집을 지었다. 산과 바다를 함께 조망할 수 있는 풍광 좋은 자리다. 단독형으로 지은 펜션용 통나무집으로 지붕은 2단 처리하고, 앞에는 연못, 주변에는 소나무를 심고 조원하여 완성도를 높였다. 이 집은 조적 방식과 목구조 방식을 수평적으로 결합한 혼합구조(combination) 방식이다. 조적 방식의 통나무집이 지닌 규모의 한계를 극복하면서 조적 방식의 웅장함과 통나무 목구조 방식의 간결함을 접목하여 표현하였다. 벽체나 지붕을 만드는 방식은 이미 그 기능과 실용성이 검증된 2×4 공법을 많이 사용함으로 문제 될 것

25py (84.06㎡)

위 치	충청남도 보령시 해안로 705-52(신흑동 558-6)
건 축 면 적	78.38㎡(23.71py)
연 면 적	84.06㎡(25.43py)
1층 면 적	53.82㎡(16.28py)
2층 면 적	30.24㎡(9.15py)
구 조	통나무주택
외 부 마 감	통나무
내 부 마 감	강화마루, 통나무
지 붕 재	아스팔트싱글
설 계	동방이엔씨건축사사무소
시 공	대천통나무펜션리조트
취 재 협 조	대천통나무펜션리조트 041_931_1503

조적(notch) 방식과 목구조(post&beam) 방식을 수평적으로 결합한 혼합구조 방식의 통나무집 펜션이다.

이 없고 장점만을 선택하여 기능성이 뛰어난 혼합구조 방식의 집을 지었다. 자연과 친근한 주택을 들라면 단연 통나무주택이다. 비싼 건축비를 차치하면 단열성과 습도조절 면에서 탁월한 성능을 지닌 것이 통나무주택의 큰 매력이다. 내부 자재는 통나무와 제재목을 주로 사용했다. 통나무의 거친 듯 부드러운 곡선과 제재목의 직선이 서로 주고 받으며 조화롭다. 몸통이 굵은 통나무의 우직함에 작은 곡과 큰 곡으로 부드러움을 연출하여 통나무의 거친 맛을 살짝 줄여준 감각이 뛰어나다. 내부에 들어서면 나무 냄새로 삼림욕을 하는 듯한 쾌적한 기분을 느낄 수 있는 집이다.

자연과 쉽게 동화되는 통나무집이 한겨울 흰 눈에 덮여 멋진 풍광을 선사하고 있다.

1

2

3

4

5

6

1_ 겨울 속 동화나라에 파묻혀 있는 통나무집이다.
2_ 통나무를 쌓아 올린 통나무집은 이국적이면서도 통나무가 지닌 자연성 때문에 어디에서도 잘 어울린다. 특히 산이 많은 우리 지형에 잘 어울린다.
3_ 해가 뜨면 일을 하고, 달이 뜨면 쉬는 것이 삶의 원리이다. 달이 뜨면 낮과는 다른 정서를 불러온다. 조명이 주는 느낌도 또한 비슷하다.
4_ 하부에서 상부로 향한 간접조명이 집을 더욱 선명하고 밝히며 밤에 생기를 불어넣는다.
5_ 어두운 밤에 집을 비추는 조명은 분위기를 더욱 낭만적이고 포근하게 감싸주는 효과가 있다.
6_ 밤 풍경은 조명이 좌우한다. 이국적인 풍경이 있는 로글리 대천통나무펜션리조트는 밤이 더 아름다운 곳이다.

1

2

3

4

5

1_ 지붕을 2단으로 처리하고 처마를 적당하게 내었다.
통나무를 조적한 모양과 그 위에 박공지붕의 지붕선이 시원하다.
2_ 집은 보는 방향에 따라 확연하게 다른 모습을 보인다.
중심건물은 높게 짓고 양옆으로는 단을 낮춰 웅장하게 지었다.
3_ 통나무집 옆으로 데크를 만들어 동선을 유도한다.
2층에 베란다가 있어 밖을 조망하고 즐길 수 있다.
4_ 단순한 삼량가 맞배지붕으로 지붕의 기울기가 하나는 날개를 제법
펴고 있고, 하나는 펴려는 모습으로 서로 짜임새 있게 조화를 이룬다.
5_ 설레는 마음으로 연못 위의 오작교를 지나면 멋진 수공식 통나무집을
만날 수 있다.

1

2

3

4

1_ 통나무집의 위용을 확인하는 장면이다. 외관은 통나무로 짓고 지붕은 통나무의 색감과 잘 어울리는 회색 톤의 아스팔트슁글로 마감했다.
2_ 무엇보다도 전면에 나뭇가지를 이용해서 사슴의 뿔처럼 장식한 것이 이채롭다. 자연의 장식물과 더욱 궁합이 잘 맞아 떨어지는 집이 통나무집이다.
3_ 시원스럽게 열린 오픈천장 거실로 2층 위에 다락방이 있어 밑에서 보면 3층 구조이다.
4_ 2층으로 오르는 계단이 튼실하게 짜여 있다.

1

2

3

4

1_ 데크에 테이블과 의자를 놓아 야외에서 바비큐 파티를 할 수 있는 공간을 마련했다.

2_ 집을 문화공간으로 꾸미기 위해서는 예술적인 감각이 필요하다. 생각 하나가 집을 문화공간으로 만들었다.
  사슴의 뿔을 연상케 하는 나무 장식에서 장인의 예술적인 감각을 엿볼 수 있다.

3_ 지붕선을 따라 천장을 개방하니 시원스럽기 그지없다.

4_ 통나무의 남성적인 우직함에 곡선의 디자인 컷팅으로 부드러움으로 더하여 직선과 곡선의 조화미를 끌어냈다.

1

2

3

4

1,2_ 통나무집 내부 입구의 모습. 노치 방식으로 지은 전형적인 수공식 통나무집으로 차곡차곡 쌓아 올린 통나무가 웅장한 느낌이다.
 하단의 사각과 상단의 삼각 구조가 조화를 이루고 있다.
3_ 자연목을 그대로 이용해 만든 사슴뿔 모양을 집 안팎으로 장식하여 독특한 멋을 연출했다.
4_ 나무의 색감과 실내 벽체 타일의 색감이 대비를 이룬다. 입구 상부를 아치형 곡선으로 예쁘게 꾸몄다.

1

2

3

1_ 본 건물 옆으로 달아낸 부분을 기능과 실용성이 검증된 2×4 목조주택 공법으로 마감하였다.
2_ 최소의 면적으로 꾸민 일자형 주방으로 거실과 오픈하여 공간감이 들게 하였다.
3_ 달아낸 공간에 스파를 놓아 심신의 피로를 풀 수 있는 휴식공간을 마련했다.

1

2

3

4

5

6

7

8

9

1_ 빛과 시선을 차단하기 위해 광창과 합각의 창을 빗살 격자 래티스로 마감하여 전통미를 살렸다.
2_ 2층에서 내려다본 계단참의 모습으로 웅장해 보인다.
3_ 나무 향이 가득한 아늑한 분위기의 침실이다.
　　다듬어진 차분한 공간에 자연목 하나 갖다 놓고 대들보는 바람에 물결이 일듯이 멋진 곡선으로 변화를 주었다.
4_ 1층과 다락으로 이어지는 통나무집 계단의 상세이다.
5_ 천국으로 올라가는 계단처럼 하늘이 가득하다. 계단을 밟고 올라가면 밖의 차경이 한눈에 들어오는 전망 좋은 곳이다.
6_ 내부 인테리어 디자인에서도 장인의 예술적 감각을 한껏 드러내고 있다.
7_ 통나무집에서 가장 높은 곳이다. 좁지만 좁아 보이지 않는 것은 다락이란 이미지가 주는 느낌일 것이다.
8_ 다락을 독립적인 휴식공간으로 만들어 마음껏 누릴 수 있게 했다. 삼각형으로 좁아진 천장이 오히려 마음 편한 공간이다.
9_ 거실 천장에 12등 펜던트등을 달아 거실을 온화한 불빛으로 밝히고 있다.

5 괴산 금평리주택

전원생활의 경험으로 지은 디자인 하우스

괴산군 청천면 금평리주택은 고객의 제안에 따라 패시브하우스 수준의 단열과 내구성, 실용성을 강조한 전원
주택이다. 대지가 주변보다 비교적 높아 안정감 있게 디자인하고 통나무와 통나무 사이에 단열재를 넣고 목
재로 덧입힌 복합구조로 지었다. 라미네이트로 가공된 통나무를 우물정자식으로 쌓아 올려 먼저 집을 완성
하고 외부에 다시 목재를 감싸서 한 번 더 짓는 구조이다. 한마디로 라미네이트 집성한 통나무집에 경량 목조
로 덧씌워서 이중으로 짓는 집으로 내부는 완벽한 통나무집이고 외부는 목조주택이다. 통나무와 목구조 사이
는 단열재를 충진하는 방식으로 지붕과 벽체를 연결하는 시공을 하였다. 처음부터 끝까지 누에고치처럼 단열

통나무주택

27py (89.82㎡)

위　치	충청북도 괴산군 청천면 금평리
건 축 면 적	54.21㎡(16.4py)
연 면 적	89.82㎡(27.17py)
1 층 면 적	54.21㎡(16.4py)
2 층 면 적	35.61㎡(10.77py)
구　　조	통나무주택
외 부 마 감	통나무
내 부 마 감	온돌마루, 통나무
지 붕 재	오지기와
설　　계	풍산우드홈
시　　공	토네이도시스템 031_339_8911

경사지붕의 2층 집으로 베란다가 눈에 띄는 집이다. 흰색과 갈색의 만남에 오지기와가 한몫했다.

재가 끊어지지 않고 집 전체를 둘러싸는 방식으로 시공되어 통나무집의 단점을 보완한 완성도 높은 저에너지 주택이다. 건물 외관은 흰색계열의 오버코트를 칠해 단열이 강화되어 외관의 관리가 쉽다. 외장재는 고객의 취향에 따라 다양하게 선택할 수 있다. 완만한 형태의 지붕은 햇볕의 방향과 풍향 등 주변의 환경을 고려해 시공하였다.

조용한 산촌이다. 마을 중심으로 휘어진 길이 넉넉하게 마을을 돌아나간다.

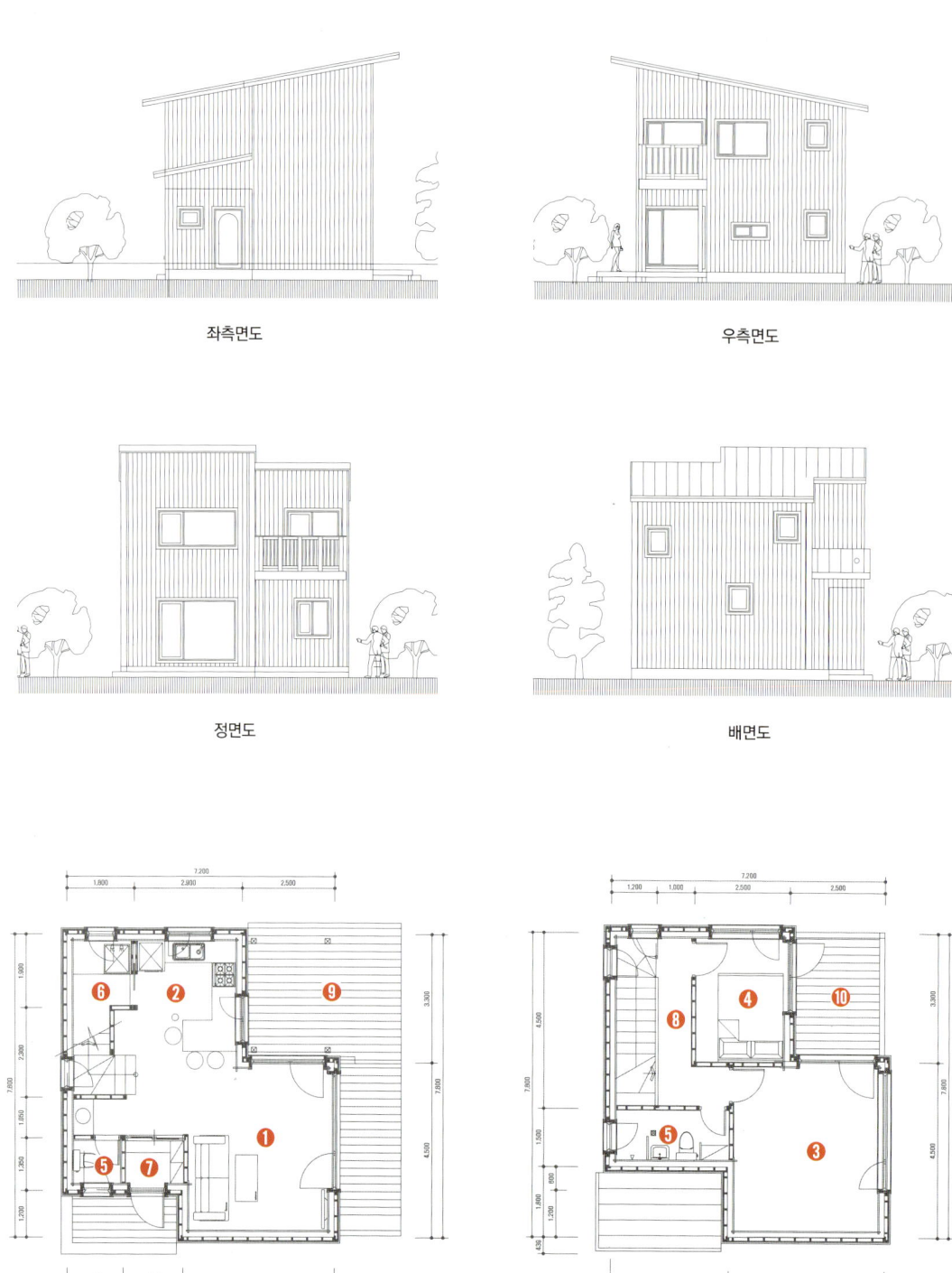

좌측면도

우측면도

정면도

배면도

1층 평면도

2층 평면도

❶ 거실 ❷ 주방 ❸ 안방 ❹ 침실 ❺ 욕실 ❻ 다용도실 ❼ 현관 ❽ 복도 ❾ 데크 ❿ 테라스

1

2

3

4

1_ 박스형 입면을 적용한 전원주택으로 목재패널을 세로로 시공하여
    프트라이프 외관을 보인다.
2_ 필요한 만큼만 창문을 만들었다.
    장식적인 요소를 줄이고 실용성을 살린 집이다.
3_ 출입문으로 들어가는 포치 지붕을 이단으로 처리해 시선을 끈다.
4_ 직선이 주조를 이루면서 전체적으로 사각을 중심으로 건축되었다.

1

2

3

4

5

6

1_ 축대를 쌓아 마당을 평평하게 골랐다. 넓은 공간에 지어진 집으로 어디서
보아도 시야가 확 트여 있다.

2_ 창문에 설치한 눈썹처마와 화분 거치대로 단순한 입면에 포인트를 주었다.

3_ 이 집에서 가장 열린 공간인 테라스다. 밑으로는 비나 직사광선을

차단하면서 집의 고급화와 인지도를 높이는 효과를 얻었다.

4_ 흰색 톤의 목재패널과 기초 회색 파벽돌이 대조를 이루며 안정감이 있다.

5_ 데크 한쪽 끝에 설치한 보일러실이다.

6_ 난간 밖으로 펼쳐지는 주변 산들의 풍경이 차분하고 아름답다.

1

2

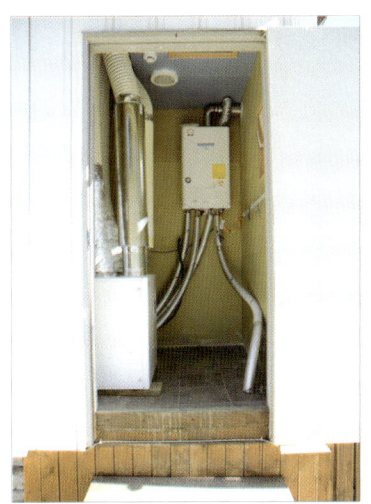

3

4

5

6

1_ 두 주인 부부의 이름이 가지런히 걸려있다. 같이 살아온 세월만큼 같이
　 살아갈 인생을 대비한 명패다.

2_ 문얼굴로 들어오는 풍경이 평화롭게 느껴지는 실내이다.

3_ 보일러실 상세.

4_ 나무를 횡으로 가지런하게 쌓아 올려 차분하고 따뜻한 분위기의 거실이다.

5_ 라미네이터 통나무를 쌓아 올린 모양이 마치 성벽 같다.
　 성벽이 나무로 되어 부드럽고 따뜻한 기운이 느껴진다.

6_ 로만쉐이드 커튼 아래로 가지런히 놓여 있는 화분들이 분위기를 자아낸다.

1

2

3

4

1_ 주방 벽 전체에 라미네이터 통나무로 통일감을 주고 블랙 앤 화이트 차분한 색상대비로 조화를 이루었다.
2_ 라미네이트 통나무는 잘 갈라지지 않는 특징이 있고 원형통나무에 비해 가볍고 세련된 분위기를 연출할 수 있다.
3_ 주방 옆에 있는 다용도실이다.
4_ 2층으로 오르는 나무계단으로 간결하면서도 짜임새가 있다. 그림을 걸어놓은 듯 창틀에 올려 놓은 장식 화분에 눈이 쏠린다.

1

2

3

4

5

6

7

1_ ㄷ자형 주방이다. 홈바와 보조 테이블로 사용할 수 있는 아일랜드 테이블을 놓아 공간과 동선을 최적화하였다.

2_ 화이트컬러의 수납장을 설치해 협소한 공간을 효율적으로 활용하고 있다.

3_ 라미네이트는 변형률이 적어 다양한 디자인이 가능하며 이음매 부분이 노치 속에 감춰져 있어 깔끔하다.

4_ 모자이크 타일로 벽면을 마감하고 흰색 간이세면대를 놓으니 고급스러운 도예작품 하나 들여 놓은 듯하다.

5_ 통나무집에서 최고의 장식은 나뭇결을 그대로 노출시키는 것이다. 나무의 뽀얀 속살이 주는 부드러움이 예사롭지 않다.

6_ 견고하고 멋스럽게 목재의 모양 그대로 노치를 돌출해서 인테리어 요소로 잘 활용하였다.

7_ 욕실 앞에 간이 세면대를 설치하여 간단하게 손을 씻고 물을 사용할 수 있는 설비를 갖추었다.
     그 위에 수납장 역시 목재로 만들어 설치하였다.

1

2

3

4

5

6

1_ 동양화 한 폭을 문과 창에 담았다. 계절마다 변하는 풍광과 햇살의 변화를 바라볼 수 있는 살아있는 액자다.

2_ 통나무와 잘 어울리는 밤색 톤의 시스템창호로 단열문제를 해결하였다.

3_ 통나무집은 원목 형태를 그대로 살려서 인테리어 효과를 낼 수 있다.

4_ 계단을 오르면 만나는 창이다. 화분 하나와 밖의 풍경이 어울려 또 다른 풍경을 만들어낸다.

5,6_ 차분하고 트랜디한 느낌의 널찍한 타일로 심플하고 모던하게 마감한 욕실이다.

7_ 통나무집은 살아 숨 쉬는 집이어서 사람이나 식물에 좋은 환경을 제공한다.

8_ 아늑한 보금자리 침실이다. 독립공간으로서 아늑한 실내가 될 수 있도록 2층 조용한 곳에 침실을 배치하였다.

9_ 나무색과 커튼을 통해 들어오는 햇살이 신비로울 만큼 은은하게 빛난다.

10_ 나뭇가지, 새, 꽃으로 디자인한 인테리어 시계가 벽체와 잘 어울린다. 주인의 인테리어 센스를 엿볼 수 있다.

11_ 집성목으로 만든 라미네이터 통나무로 짜임새 있게 결구 되어 있는 노치의 모습이다.

7

8

9

10

11

6 제천 성내리주택

맑은 바람과 밝은 달이 머무는 통나무집

성내리주택은 남한의 중심부이자 내륙의 바다 같은 청풍호의 전경이 펼쳐지는 순환도로변에 있으면서, 전형적인 배산임수 터에 자리 잡고 있는 맑은 바람과 밝은 달이 머무는 통나무집이다. 4월 초 벚꽃이 필 때는 무릉도원이고 밤에는 달빛이 청풍호에 비칠 때 중국 시인 두보의 월야를 연상케 하는 곳이다.

2006년도에 지어진 이 집은 당시 건축주가 은퇴를 앞두고 이곳에 정착하여 살려고 제천에 있는 건축회사를 찾던 중 통나무제조회사가 있다는 소식을 듣고 20평~25평 정도 규모의 통나무집을 짓고자 공장을 직접 방문했던 기억이 있다. 요즘은 인생 이모작을 준비하는 이들이 주로 소형주택을 선호하고, 이를 위한 귀농·귀촌 교

통나무주택

29py (94.44㎡)

위 치	충청북도 제천시 금성면 성내리
건 축 면 적	94.44㎡(28.57py)
연 면 적	94.44㎡(28.57py)
1 층 면 적	본채 74.82㎡(22.63py) 별채 19.62㎡(5.94py)
구 조	통나무주택
외 부 마 감	통나무
내 부 마 감	강화마루, 통나무
지 붕 재	아스팔트싱글
설계·시공	정일품송
취 재 협 조	정일품송 043_647_1161

오른쪽 주택이 2006년에 지어진 본채이고 좌측이 초기에 정자를 지었다가 철거하고 2013년에 지은 게스트하우스이다. 경관석과 조경수, 깔끔한 잔디 조경이 드라이브코스에서 보는 이의 눈을 즐겁게 해준다.

육프로그램도 잘되어 있어 작은 주택에 대한 정보를 충분히 접할 수 있지만, 그 당시로써는 식구가 적어 20평대 중반의 집을 선호한다는 의견은 생소할 수밖에 없었다. 건축주는 미래의 귀농·귀촌 트렌드를 예견한 것일까. 지금은 작은 평수가 전원주택에서 하나의 트렌드가 되어가고 있다. 이 집은 2005년도 초기 계획안대로 주택 22평과 정자 1동을 배치한 인허가를 득하고 2006년도 주택을 완공하여 살다가 손님들이 자주 찾으니 6년 후 옆에 게스트하우스를 지어 지금의 모습을 갖추게 되었다. 이곳의 통나무집은

청풍호 순환도로변에서 쉽게 접근할 수 있으며 드라이브하다 쉬어 가고 싶은 충동이 드는 통나무집이다.

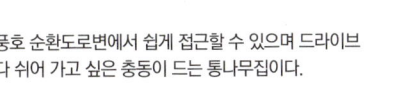

디자인이 단순하지만, 집을 짓고 난 후 전국적으로 이런 유형의 집들이 많이 보급되었다. 지금은 경치 좋은 청풍호를 앞뜰로 삼고 뒷산의 자연을 제대로 즐기며 건강한 노후를 보내고 있다. 건축주는 겨울철에도 주로 벽난로만으로 생활한다. 그래서 전원에 살면 겨울에 연료비가 많이 든다는 편견이 있는 사람들을 위해 통나무집과 벽난로 홍보대사를 자처한다. 통나무집은 기름보일러지만 연료비가 많이 들지 않아 처제와 조카에게도 권유해 같은 통나무집을 지었다. 지금은 친인척들이 모두 같은 통나무집을 짓고 살면서 통나무집 마니아가 되었다.

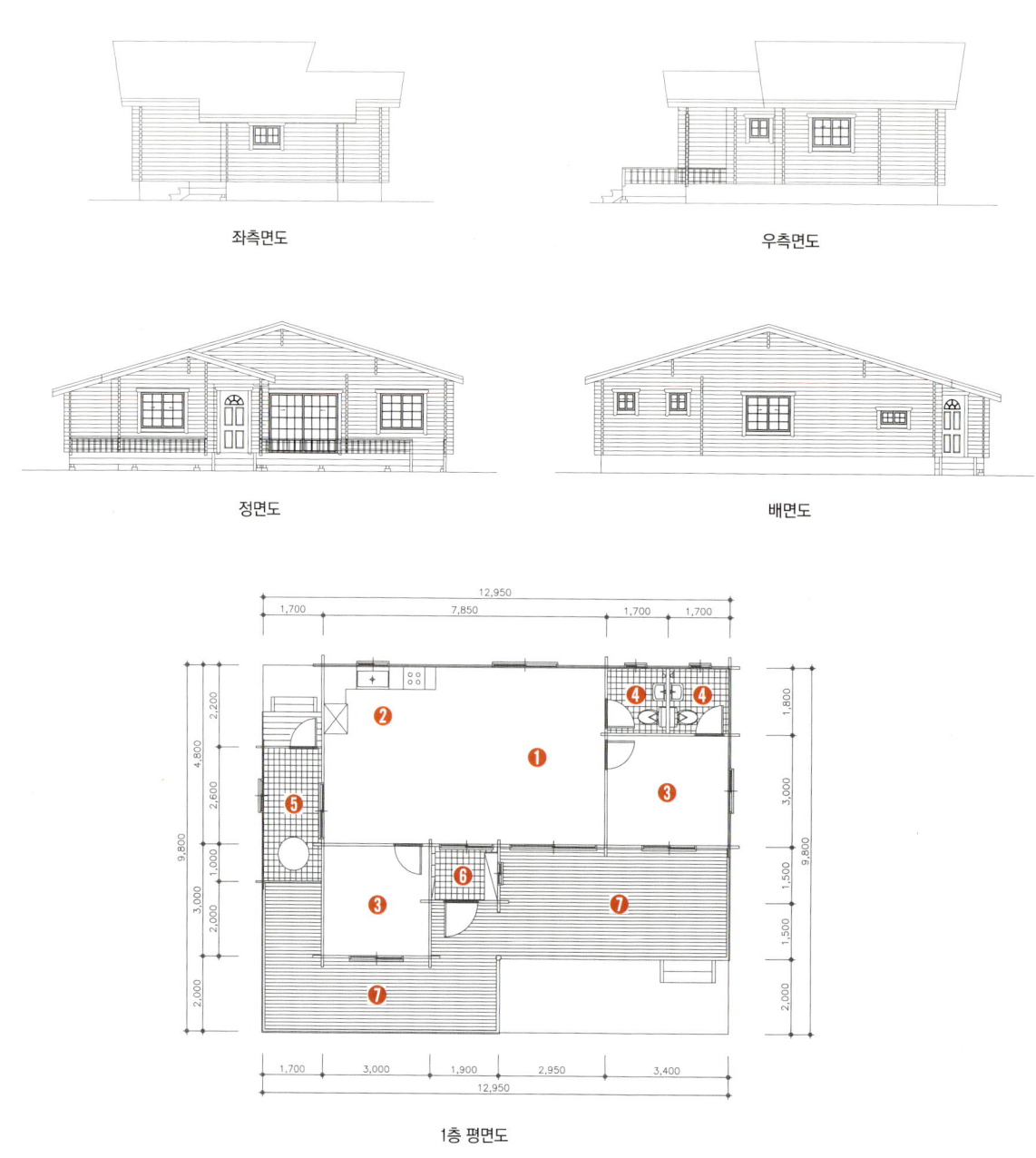

좌측면도　　　　우측면도

정면도　　　　배면도

1층 평면도

❶ 거실　❷ 주방　❸ 침실　❹ 욕실　❺ 다용도실　❻ 현관　❼ 데크

1

2

3

4

5

6

1_ 경사지에 자연스럽게 앉힌 주택과 잘 가꾼 정원이 전형적인 전원주택의 평온함을 주고 도로 아래로는 청풍호를 조망할 수 있는 곳이다.
2_ 주택을 높게 지으면서 데크를 앞에 두고 중앙 주 출입구에서 현관까지 데크로 연결하여 독립된 게스트하우스로 통하게 하였다.
3_ 조망과 채광을 위해 게스트하우스 창을 가리지 않게 전면배치하여 두 채가 하나의 집처럼 보인다.
4_ 거실문 파티오도어 상부에 달아낸 지붕은 여름을 위해 증축한 것이다.
5_ 뒤에 보이는 작성산과 주택의 배치가 잘 어우러진다. 우측 길은 등산로이며 잘 정돈된 정원과 규모 있는 밭을 일구고 있다.
6_ 후면 우측 전경으로 게스트하우스 지하층은 창고와 보일러실이며, 건물에 렉산지붕이 있는 부분은 세탁실로 이어지는 후문이다.
　　경사진 면에 화계를 만들어 자연스럽게 정원과 텃밭의 경계를 구분하였다.

1

2

3

1_ 데크와 포치가 먼저 손님 마중을 나온 듯 배치되어 있어서 여유롭고 다정스러운 공간이 형성되었다.

2_ 우측 계단에서도 데크를 통하여 출입할 수 있다. 데크 하단을 래티스로 깔끔하게 마감하였다.

3_ 후원을 넓게 조성하여 운동 삼아 골프연습도 하고 전원생활에 필요한 농기구, 기타 물품들을 보관하기 위해 작은 창고도 만들었다.
우측에는 전원생활의 필수인 야외수도를 설치했다.

1

2

3

4

5

6

1_ 현관부에 설치한 포치는 비나 직사광선을 차단해주고 현관의 고급화와 인지도를 높이는 효과를 얻을 수 있다.

2_ 전면의 정원과 주차장에 이르는 주 통로를 데크와 계단으로 연결하였다.

3_ 거실에 통나무 중보를 노출해 천장의 단조로움에 볼륨감을 실었다.

4_ 한겨울철 거의 벽난로만으로 생활이 가능하여 난방비를 대폭 절약해주는 통나무집의 큰 살림꾼이다.
 　　통나무집은 사우나 원리처럼 벽체가 열을 축열하여 온도를 유지하며 잘 변화하지 않는 특징이 있다.

5_ 좌측이 작은방이고 맨 끝이 세탁실과 다용도실이다. 통나무집은 온통 나무로 마감되므로 주방기구나 가구들로 색상변화를 많이 준다.

6_ 기능이 있는 생활용품의 색상이 자연스럽게 통나무주택의 인테리어 요소가 된다. 흰색 톤의 주방가구들이 통나무주택과 잘 어울린다.

1

2

3

1_ 출입문 좌측에는 통나무벽체에 문짝만 달아 구성한 붙박이장을 설치하였다.
2_ 현관과 거실 사이에 바람이 바로 통과하지 못하도록 미닫이 중문을 달아 공간의 효율성을 높였다.
3_ 바닥은 차지 않을 정도로만 난방하고 카펫과 소파, 커튼 등으로 보완했다.

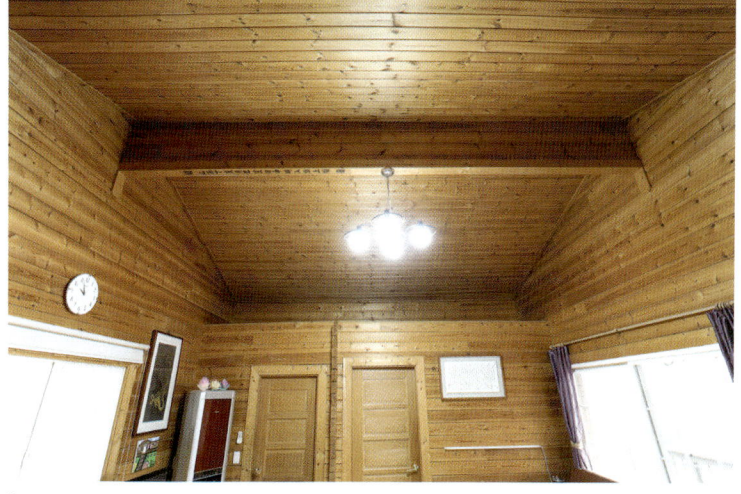

1

2

3

4

1_ 거실 천장은 지붕 경사각이 보이도록 오픈하고, 천장의 단조로움과 지붕 하중의 분산을 위해 용마루와 중보를 설치하여 볼륨감과 개방감을 함께 해결했다.
2_ 통나무집은 통나무 벽체를 만들 때 대들보, 중보의 노출 여부를 결정한다. 통나무 보를 노출하고 지붕 경사각을 따라 적송 천장재로 마감하였다.
3_ 통나무집은 고가구나 민속품들의 인테리어 요소와 잘 어울린다.
4_ 타일은 창문 하부까지만 마감했다. 욕실 액세서리와 장식장, 도기타일은 대부분 화려한 색상보다는 백색이나 아이보리색을 많이 선호하는 편이다.

7 제천 두학동주택

통나무 자동화 설비로 가공하여 지은 사각 통나무집

요양과 전원생활을 위한 96㎡(29.1평) 2층 통나무집으로 시내 중심가에서 5분 거리임에도 전원의 운치가 있고 시골 분위기가 물씬 나는 집이다. 통나무집은 자연 소재의 웰빙 주택으로 삼림욕 효과가 뛰어나며 나무의 기공 (氣孔)을 통해 공기 정화 및 자연 가습작용을 한다. 여름에는 시원하고 겨울에는 따뜻한 집으로 냉·난방비 절감 효과가 있으며 자연 그대로의 아름다움과 쾌적성 등 장점이 많은 집이다. 이 집은 핀란드산 홍송으로 제조한 68mm 라미네이트 통나무를 사용해 지은 통나무집으로 좌측에 배치한 안방의 벽체와 천장이 모두 통나무집에서 보기 드문 팔각형을 이루고 있다. 사각 통나무다 보니 입면을 90도로 하면 너무 딱딱해 보이기 때문에 전

29py(96㎡)

위 치	충청북도 제천시 두학동
건 축 면 적	68.3㎡(20.66py)
연 면 적	96㎡(29.04py)
1층 면 적	68.3㎡(20.66py)
2층 면 적	27.7㎡(8.38py)
구 조	통나무주택
외 부 마 감	통나무
내 부 마 감	강화마루, 통나무
지 붕 재	아스팔트슁글
설계·시공	정일품송
취 재 협 조	정일품송 043_647_1161

이 집은 제천시 중심가에서 5분 거리임에도
시골 분위기가 물씬 나는 96㎡(29.1평)의 2층
통나무집이다.

면부를 팔각형으로 구성하였다. 기계식 사각 통나무의 노치(Notch) 홈 가공은 제조기술의 한계상 90도를 이루는 데, 정일품송에서 45도를 비롯해 다양한 각으로 노치 홈을 가공하는 기계를 개발해 국내 최초로 이 집에 적용하였다. 정일품송에서 개발한 전기설비 등의 구멍, 구조보강 구멍, 창호결합 홈은 물론이고 45도 노치(Notch) 홈을 비롯해 다양한 각도로 가공할 수 있는 통나무 자동화 설비가 있기에 가능한 일이었다. 이런 선진화한 핀란드산 사각 통나무집이 일상생활을 통해 전원에서의 삶이 가족의 화목과 건강에 얼마나 중요한 역할을 하는지를 알게 하는 소중한 공간이 되었다.

경사지를 다듬어 앉힌 남향집으로 일조와 조망이 뛰어나다.

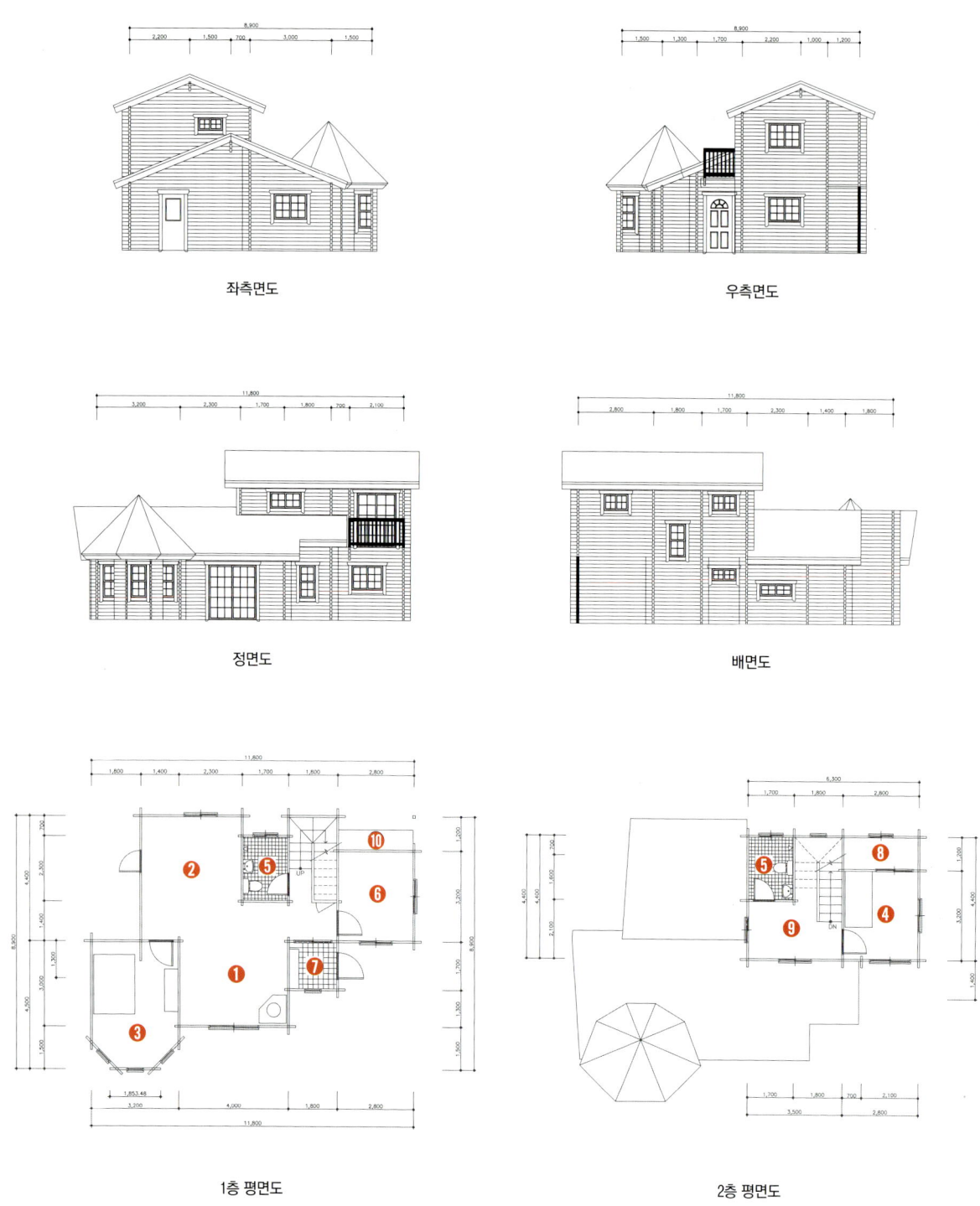

좌측면도

우측면도

정면도

배면도

1층 평면도

2층 평면도

❶ 거실 ❷ 주방 ❸ 안방 ❹ 침실 ❺ 욕실 ❻ 황토방 ❼ 현관 ❽ 드레스룸 ❾ 가족실 ❿ 아궁이

1

2

3

1_ 지척이 산과 들이라 자연에 묻혀 지내는데 굳이 손길이 많이 가는 정원이
필요하겠냐는 생각이 들지만, 이 정원은 화초를 심고 풀을 뽑고 있노라면
저절로 마음이 편안해지고 스트레스가 없어진다는 건축주의 힐링 공간이다.

2_ 이 집은 정남향으로 시원스레 트여있는 정면을 제외한 나머지 삼면이
산이라 쾌적한 환경을 유지하고 있다.

3_ 순수 통나무로만 벽체를 짠 친환경 자연치유(Eco-healing) 주택으로
암 수술을 받은 아내의 요양과 전원생활을 겸한 집이다.

4_ 68mm 사각 통나무다 보니 입면을 90도로 하면 너무 딱딱해 보이기에
전면부를 팔각형으로 구성하였다.

4

1

2

3

4

5

6

1_ 나지막한 산세와 통나무집 그리고 키 작은 나무 담장이 서로 소통하듯이 편안하게 조화를 이루고 있다.
2_ 우측면에 들인 작은 방은 한옥에서나 봄 직한 아궁이에 나무를 때는 구들방이다.
　　순수 황토만으로 바닥을 마감한 구들방은 면역력을 강화하는 데 그만이다.
3_ 앞에는 주차장을 확보하고 뒤로는 파고라를 설치하여 대문으로 활용하고 있다.
4_ 60㎡(18.2평)의 데크는 마당 위의 마당으로 제2의 거실 역할을 톡톡히 하고 있다.
5_ 맞배지붕과 경사지붕이 어우러져 배면을 이루고 있다.
6_ 처마부를 통해서 용마루 최상층부까지 공기순환을 위해 처마벤트를 설치하였다.

1

2

3

4

5

6

1_ 천연 소재인 통나무의 질감이 고스란히
　배어 있는 거실이다.
2_ 중앙에 앞·뒤로 거실과 주방, 식당을 두고
　좌우로 안방과 구들방을 배치하였다.
3_ 오픈천장을 높게하여 더욱 넓어 보이는
　시·공간효과를 거두었다.
4_ 최소의 면적으로 꾸민 일자형 주방으로
　실용성을 강조하였다.
5_ 경사지에 단을 높여 집을 앉힘으로써
　생긴 고저 차를 나무계단을 놓아 해결하였다.
6_ 주방 입구에 통나무 프레임으로 독특한 멋을
　연출하면서 주방과 거실의 분리효과를 냈다.

1

2

3

4

5

6

1_ 주 출입구의 모습으로 실내 인테리어는 특별한 장식을 하지 않고 목재 자체의 질감을 그대로 살렸다.
2_ 벽체와 천장을 특색있게 팔각형으로 디자인한 고가 높은 안방이다.
3, 4_ 좌측에 배치한 안방의 벽체와 천장이 모두 통나무집에서 보기 드문 팔각형을 이루고 있다.
5, 6_ 벽에 수납장을 만들고 한쪽에는 원목가구를 놓아 통나무주택의 벽체와 어울리는 내부 공간을 연출하였다.

1

2

3

4

1_ 2층 건식 화장실, 흰색 반신 욕조와 세면기가 통나무와 잘 어울린다.

2_ 이 집에서 가장 전망 좋은 아늑하고 포근한 방이다.

3_ 2층 가족실로 통나무집의 견고함을 느끼게 해주는 귀틀 부분에 눈길이 머문다.

4_ 피아노를 맘껏 연주해도 주변에 피해 줄 일 없고 집 안 전체가 나무다 보니 음질도 맑고 깨끗하다.

8 단양 도전리주택

시선을 사로잡는 도심 속의 통나무집

단양 신시가지는 충주댐 공사로 구 단양이 수몰되면서 계획된 도시로 연간 1,000만 명이 방문하는 관광도시이다. 그중에서 빼놓을 수 없는 거리가 단양터미널에서 강을 따라 조성된 수변공원과 식당과 상가들이 소성된 수변로이다. 수변로 끝에서 2번째에 시선을 사로잡는 도심 속에 통나무집이 자리 잡고 있다.

건축주는 2000년 초에 대구에서 제천으로 이사 와서 단양 신시가지 수변로 주거지역 내에 두 필지의 택지와 구옥을 구입하여 집 짓는 계획을 세웠다. 건축주가 유명한 맛집인 동태찜 식당을 오픈한 시기와 정일품송이 통나무주택제조공장 설립을 위해 고향인 제천으로 귀향한 때와 같아서 오픈 때부터 건축주 내외와는 오랜 단

30py (98.08㎡)

위　　치	충청북도 단양군 도전리
건 축 면 적	99.36㎡(30.06py)
연 면 적	98.08㎡(29.67py)
1층 면 적	98.08㎡(29.67py)
구　　조	통나무주택
외 부 마 감	통나무
내 부 마 감	강화마루, 통나무
지 붕 재	아스팔트싱글
설계·시공	정일품송
취 재 협 조	정일품송 043_647_1161

도심 속 주택단지에 통나무집이 어우러질 수 있느냐는 의문을 깨버린 관광 일번지 단양 수변로에 있는 통나무집이다. 뒷산 스카이라인과 삼면의 집들의 혼잡한 속에서도 잘 어울리는 집으로 오가는 관광객들의 눈을 즐겁게 하는 집이다.

골로 친분은 있었지만, 도심 주거지역에 통나무집이 어울릴까 하는 생각에 통나무집을 선택까지 고심이 깊었었다. 여러 차례 만나고 여러 각도에서 다양한 투시도로 시뮬레이션과 공간구성을 해보는 과정에서 확신하게 되었고, 도심 속에 잘 어울리는 모델을 선택하여 이 통나무집을 짓게 되었다.

외국의 예를 보더라도 2000년도 이전에는 통나무집은 주로 도시 외곽이나 별장용으로 짓다가 현재는 80% 정도가 도심의 주거용 주택으로 짓는 것이 세계적 추세이다.

안방의 통나무를 45도 새들노치로 만들어 다각도로 조망권을 확보하였다. 팔각 모임지붕에 환기캡을 설치하고 기초 부분은 파벽돌로 마감하였다.

통나무집을 도심에 지으면 좋은 점은 외부의 오염된 공기가 통나무 기공을 통해 정화되어 실내로 들어온다는 점이다. 이런 장점으로 통나무집이 건강상 인기가 있는 데, 단양 관광 일번지인 수변로 변에 지어진 이 통나무집은 입소문을 타면서 단양군에서 잘 지어진 집, 건강에 좋은 집으로 유명해졌다. 이 집을 도심에 지은 뒤 많은 사람의 관심을 끌게 되었고, 도심 속에 통나무주택이 어울릴까 하는 의구심은 사라지고 적극적으로 도심 속에 통나무집들을 짓기 시작한 시발점이 되었다.

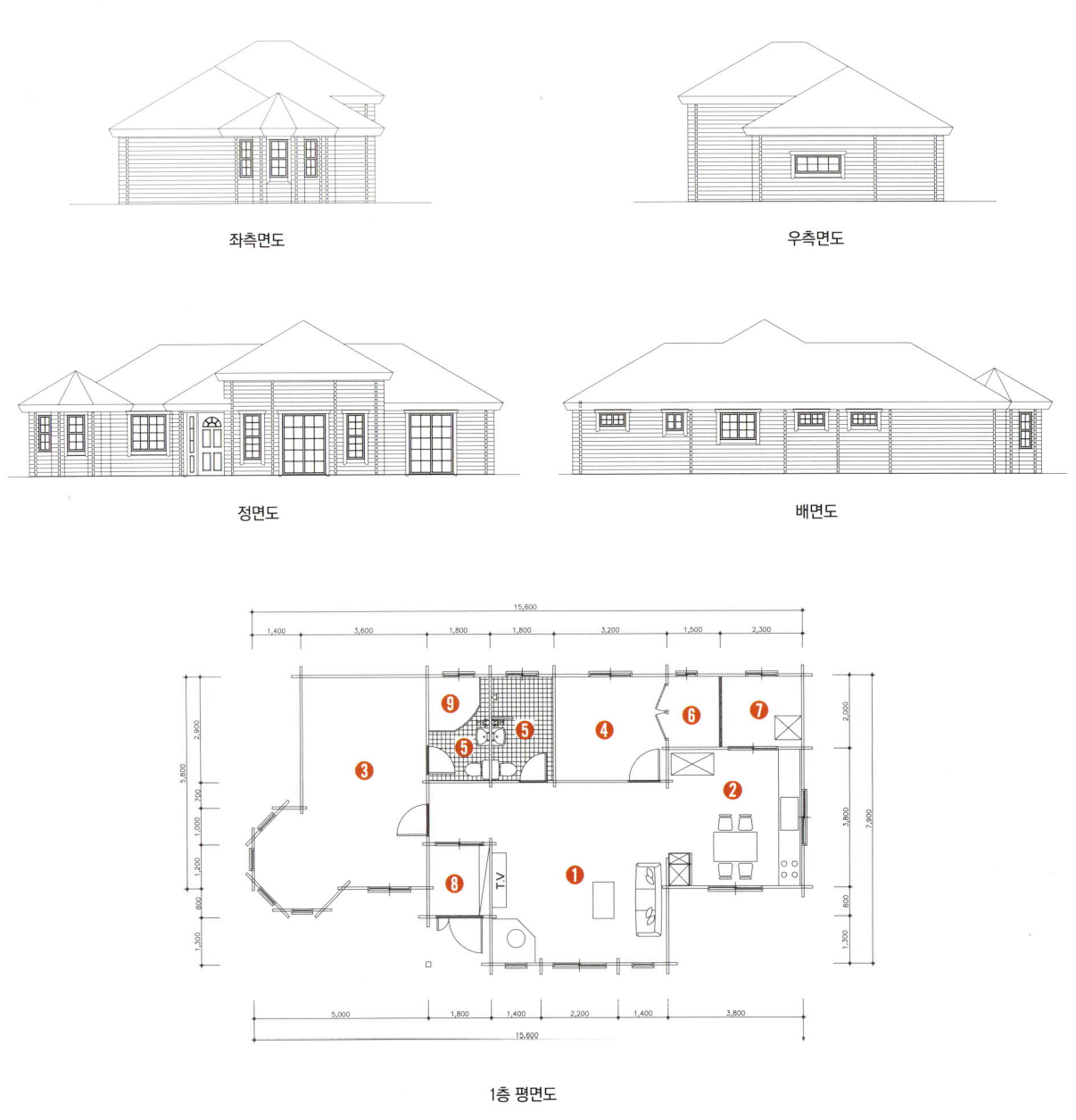

좌측면도

우측면도

정면도

배면도

1층 평면도

❶ 거실　❷ 주방　❸ 안방　❹ 침실　❺ 욕실　❻ 드레스룸　❼ 다용도실　❽ 현관　❾ 월풀

1

2

3

1_ 도심 주택단지에 있는 집으로 대문, 석축, 야생화와 수목만으로 경계를 표시했지만, 통나무주택은 어떤 환경에서도 어우러지며 돋보인다.

2_ 현관 입구에 비나 직사광선을 차단해주는 포치는 생활의 편리성은 물론 현관의 이미지 고급화에도 큰 몫을 한다.

3_ 난간대 없이 낮은 계단을 두어 접근하는 계단형 데크로 본채와 마당을 연결하는 완충공간의 역할을 한다.
부엌과 면한 데크를 크게 구성하여 장독대와 야외수도를 설치하였다.

1

2

3

4

1_ 1, 2층을 연결한 창이 복잡한 도심 속의 주택임에도 시원스러워 보인다.
　비가 벽을 타고 내려가지 않도록 창 위에 경사몰딩을 하고 경사면 브래킷을 곡면가공하여 데코레이션했다.
2_ 천장을 높게 하고 바닥은 황토대리석, 벽체와 천장은 모두 홍송으로 마감하여 시원하고 웅장한 공간감이 있는 거실이다.
3_ 처마 천정에 외등과 처마벤트를 설치하고 빗물 흐름 방지용 경사창호몰딩과 곡선 받침대로 면이 변하를 주었다.
4_ 대문부터 현관까지 대형 평판석 디딤돌을 놓아 동선을 연결하였다.

1

2

3

4

5

1_ 적절히 분할된 면에 채광창을 설치하고 3중 유리로 단열 문제를
　　해결했다. 통나무집 구조를 이용하여 통나무가 돌출된 노치
　　사이에 수석 장식대를 설치하고 수석들을 진열하였다.

2_ 거실과 현관을 잇는 거실 벽을 따라 수석들이 진열되어 있다.

3_ 높은 천장에 설치한 거실 메인등과 매입등의 조명, 창을
　　통해 들어오는 자연 빛이 서로 소통하며 조화를 이룬다.

4_ 창이 있는 원목 현관문을 설치하고 천장을 홍송으로 마감
　　하여 센서등을 설치하였다.

5_ 내부의 열손실을 막는 데 도움이 되는 다락방의 용자살
　　창문들은 거실 인테리어에 포인트 요소가 되기도 한다.

1

2

3

1_ 거실과 부엌 전경으로 모두 나무로 이루어진 벽체와 천장에 화이트 톤의 싱크대와 장식장, 블랙 소파로 변화를 주었다.
　　연결통로는 통나무 보의 길이를 조절하여 약간의 아치 형태로 인테리어 효과를 냈다.
2_ 우측 파티오도어는 주방가구와 같은 화이트 톤의 창호 프레임으로 통나무집의 단조로운 색채에 변화를 주었다.
3_ 세탁기와 김치냉장고가 있는 다용도실로 연결되는 좌측 유리문은 공간의 효율성을 위해 미닫이 3중연동도어를 설치했다.

1

2

3

1_ 팔각 오픈천장에 잘 어울리는 라탄 티테이블과 의자, 그리고 오래된 피아노가 놓여 있는 감성이 흐르는 공간이다.
　　창문에는 외부채광 조절을 위해 분홍색의 롤블라인드를 설치하여 감성 공간의 이미지를 더하였다.
2_ 안방은 3개의 존으로 구성되어 있는데 전용화장실, 침실, 그리고 외부전망을 위한 돌출공간이 있다.
3_ 피아노를 연주하고 차를 마시는 공간으로 여느 멋진 카페 분위기를 떠올리게 하는 감미롭고 낭만적인 공간이다.

1

2

3

1_ 다양한 용도로 쓰이는 다락방에 채광과 통풍을 위해 천창을 설치했다.
2_ 다락방의 열 손실을 방지하고 채광과 통풍을 위해 설치한 창문 아래 손수 채취한 약초로 담근 각종 술이 보기 좋게 진열되어 익어가고 있다.
3_ 통나무 벽체와 갤러리도어로 구성한 붙박이장 겸 드레스룸이다.

1

2

3

4

1_ 팔각 오픈천장의 통나무 팔각 노치는 외국에서도 공장에서 제작하지 않고 보통 현장에서 직접 제작하지만,
정일품송은 통나무 팔각전용 노치기계를 보유하고 있어 다양한 형태의 통나무 디자인이 가능하다.

2_ 실내 공간의 효율적인 활용을 위해 2층 계단보다는 접이식 사다리를 설치하였다.

3_ 외국의 사례는 화장실에 타일공사를 하지 않고 바닥 배수관만 원목마루 바닥에 설치하고 통나무 벽체를 노출하는 경우가 많은데, 우리 문화에서는
물 사용량이 많아 벽체 높이의 반만 타일로 마감하고 통나무 벽체는 방수바니쉬를 도포한 후 욕실장과 액세서리를 설치하는 예가 많다.

4_ 한쪽 벽면 전체에 신발장을 설치한 현관으로 중문은 삼중연동도어를 사용했다. 현관 바닥은 각이 큰 타일과 포인트 타일로 깔끔하게 마감하였다.

9 영월 운학리주택

심산유곡 무릉도원에 세워진 통나무집

강원도 영월군 주천면에는 경치가 빼어난 지명의 운학리, 무릉리, 도원리가 있다. 전국에서 물 좋고 산 좋기로
명성을 얻으면서 전원주택과 펜션들이 즐비하게 들어서자 면 명칭을 주천면에서 무릉도원면으로 바꾸었다.
전원주택 붐이 일어난 90년대 후반부터 도시 사람들이 모여 살기 시작하더니 이제는 도시에서 병원을 운영하
던 의사가 이사와 마을 이장을 맡은 곳이 운학리다. 운학리에는 영월 서강이 흐르고 계곡이 아름답다. 이곳에
초입부터 펜션과 전원주택들이 자리하기 시작하더니 이제는 이 집이 있는 영월 끝단인 골짜기까지 전원주택
들이 많이 지어졌다. 1997년부터 이곳에 통나무집을 짓기 시작해서 2008년부터 2010년까지 3년에 걸쳐 통나

통나무주택

45py (148.14㎡)

위 치	강원도 영월군 무릉도원면 운학리
건 축 면 적	97.8㎡(29.58py)
연 면 적	148.14 ㎡(44.81py)
1 층 면 적	94.14㎡(28.48py)
2 층 면 적	10.08㎡(3.05py)
지 하 1 층	43.92㎡(13.29py)
구 조	통나무주택
외 부 마 감	통나무
내 부 마 감	강화마루, 통나무
지 붕 재	아스팔트슁글
설 계 · 시 공	정일품송
취 재 협 조	정일품송 043_647_1161

이 통나무집은 좌에서 우로 경사진 면을 살려 디자인한 통나무집이다. 지하층을 옹벽으로 구성하고 위층의 주 건물을 중층형 통나무집으로 구성하여 데크로 동선을 연결하였다.

무집 3채와 26채로 구성된 전원마을에 이제는 30여 채의 통나무집 단지가 들어섰다. 통나무집이 지어진 이곳에 처음으로 현장답사를 갔을 때 좌측은 아주 높은 지형 위에 개인 도로가 있었고 우측은 푹 꺼진 골짜기 계곡이었다. 지형을 살려 디자인하려고 하니 엄두가 나지 않았다. 어떻게 하면 지형을 살리면서 통나무집을 지을 수 있을까 고민하다 지하층을 이용해 경사면을 살린 집을 짓기로 했다. 토목공사비를 절감하는 차원에서 옹벽 대신 지하층으로 역할을 대신했다. 통나무집은 거리를 두어 짓고 지하층과 주 건물은 데크로 동선을 연결하였다. 콘크리트 옹벽공사 비용이나 지하층을 만드는 공사비용이 별 차이가 없었으므로 더욱 견고한 옹벽을 겸한 차고, 보일러실, 창고 문제를 동시에 해결할 수 있었다. 이 통나무집의 다른 특징 하나는 방 한 칸 바닥에 황토를 채우고 전통구들방을 만든 것이다.

어느 날 친지로부터 전화를 받았다. 옛날 직장의 한 상사가 정년을 몇 년 앞두고 정일품송에서 지은 집을 사서 영월 골짜기로 이사를 했다는 것이다. 아마도 옆에 작은 계곡물이 흐르고 정원이 아름다운 이 집에서 살고 싶어 명퇴하신 것쯤으로 생각했었다. 나중에 알고 보니 기침이 심하여 비행기를 타지 못할 정도로 건강이 악화되어 있었다. 건강을 위해 이곳에 머문지 6개월 만에 믿기지 않을 정도로 건강을 회복했다는 것이었다. 건축주는 물 좋고 공기 좋은 이곳에서 자연과 호흡하는 통나무집에 사는 것보다 건강에 더 좋은 집은 없다며 통나무집 예찬 론자가 되어 있었다. 지난해 이 집을 방문했을 때 건축주는 매우 건강하고 만족스러운 전원생활을 하고 있었다.

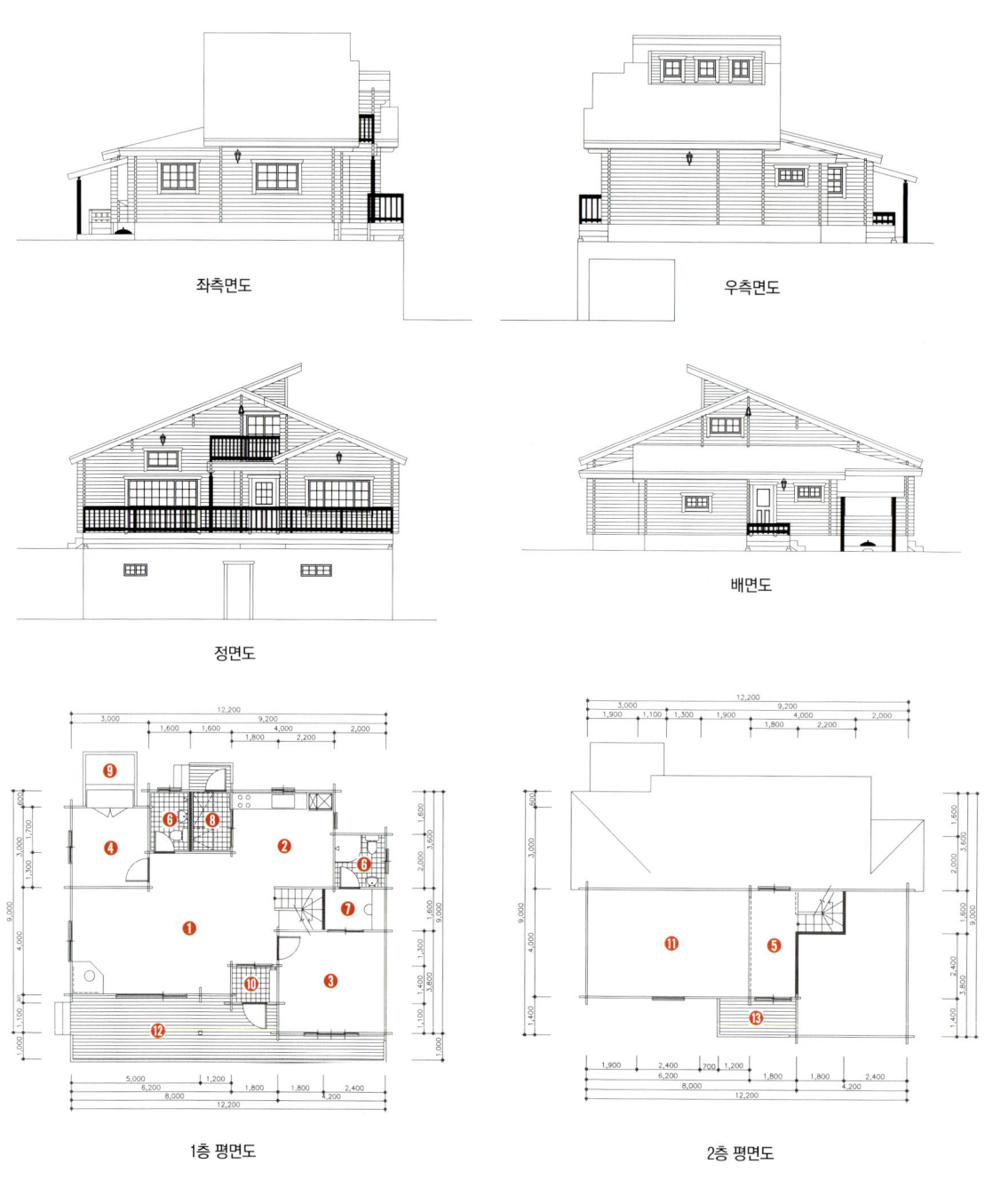

좌측면도

우측면도

정면도

배면도

1층 평면도

2층 평면도

❶ 거실　❷ 주방　❸ 안방　❹ 침실　❺ 다락방　❻ 욕실　❼ 파우더룸　❽ 다용도실　❾ 벽장　❿ 현관　⓫ 오픈천장　⓬ 데크　⓭ 발코니

1

2

1_ 전면에 지하 주차장 겸 창고를 철근콘크리트로 만들고 목재패널로 마감하여 통나무집 분위기와 이질감이 들지 않도록 하였다.
2_ 지하층은 차고이고 우측은 계곡물이 흐르는 구거로 잘 가꾼 조경이 주위의 경치와 잘 어우러져 통나무집을 더욱 돋보이게 한다.

1

2

3

1_ 좌측 경사진 지형이 높아서 지형을 높이기에는 너무 큰 비용이 들어 돌을 쌓고, 돌 사이를 관목으로 조경하였다.
　　지하층을 만들고 계곡물이 흐르는 오른쪽을 오픈하니 전면과 우측에는 3층 건물처럼 보이고 후면은 단층건물처럼 보인다.
2_ 지하주차장에서 계단을 오르면 넓은 데크와 연결되고 이어 주 출입구와 통하는 구조이다.
　　좌측 높은 경사면을 조경석으로 쌓고 관목과 소나무를 심어 계단과 데크 사이의 동선을 조원하였다.
3_ 자연과 어우러짐이 돋보이는 통나무집이다. 뒷산을 배경으로 스카이라인을 방해하지 않으면서 경사면의 지형을 잘 살려 지은 집이다.

1

2

3

4

5

1_ 돌출된 데크는 전면의 시원스런 조망을 위한 전망대 역할을 한다. 야외 테이블을 놓고 편히 앉아 원근의 아름다운 경치를 감상할 수
    있는 힐링 공간이다.
2_ 경사진 길을 따라 오르면 통나무집 후원인데 황토구들방과 재래식 아궁이가 있다. 여기가 텃밭을 가꾸며 전원생활을 즐기는 주 뜨락이다.
    이 곳에서 바라보면 지형을 어떻게 이용하여 집을 지었는지 확연히 알 수 있다.
3_ 본 건물 앞에 넓은 데크를 설치하여 계곡과 산을 조망할 수 있게 했다. 데크에서 바라다본 전망은 차경의 진수를 보여준다.
4_ 벽난로가 있는 거실은 통나무집의 매력이다. 언제나 나무가 주는 따뜻함과 산림욕에서 느낄 수 있는 나무 향과 신선한 공기를 접할 수 있다.
    친환경 자재가 무엇인가에 대한 해답은 살아본 사람만이 느낄 수 있는 특권이다.
5_ 차경을 위해 거실에 파티오도어를 설치하고 안에서도 조망하기에 거침이 없는 좋은 구도로 가구들을 배치하였다.

1_ 3층 베란다의 모습으로 지붕 중앙부를 돌출시켜 미적 감각을 살렸다.

2_ 거실 천장을 오픈하여 개방감을 주고 볼륨감을 위해 통나무 보를 돌출시켰다.

3_ 경사진 지붕의 펜던트 조명과 가구배치가 통나무 벽체와 조화를 이룬다. 통나무 돌출부(노치)를 우드캡으로 감싸 인테리어 효과를 냈다.

4_ 거실 전경으로 2층에 설치한 실내 창문은 거실을 내려다보는 창으로 열손실 방지를 위해 설치하였다.
긴 검은색 벽난로 연통과 대리석이 거실에 차분한 무게감을 더해 준다.

1

2

3

4

1_ 주방가구는 통나무 색상과 무난하게 잘 어울리는 흰색과 아이보리 톤으로 밝게 매치하였다.
환기를 위한 주방창을 설치하고 식탁과 요리공간에 각각 펜던트등과 직부등을 달아 조도를 밝게 확보하였다.
2_ 복도 한쪽 끝을 활용하여 책장과 책꽂이를 배치하여 서재를 대신했다.
3_ 주방은 거실과 분리하였다. 주방 옆으로 배치한 2층 계단에 벽을 세워 주방 내부가 모습이 보이지 않도록 가렸다.
4_ 다용도실 옆의 데드스페이스를 활용하여 수납공간을 만들었다.

1

2

3

4

5

1_ 안방 한쪽 벽면에 붙박이장을 설치하여 수납공간으로 활용하고 있다.

2_ 황토방 아궁이 위에 추억의 벽장을 설치하고 문을 달았다.

3_ 침대에 누워서도 멀리까지 경관을 조망할 수 있도록 창문을 크게 냈다.

4_ 마스터룸은 부부 욕실, 파우더룸, 드레스룸을 두어 공간을 넓게 배치하였다.

5_ 화장실 바닥은 어두운 회밤색 타일로, 벽체 타일과 장식장은 밝은 흰색으로 색상 대비를 주어
   마감하였다. 외국의 사례를 들자면, 욕실에 타일 시공을 하기보다는 통나무 벽체를 그대로 두고
   바닥도 마루로 시공하는 예가 많다. 문화적인 관습의 차이에서 오는 매우 민감한 부분이므로
   자신의 라이프스타일에 맞추어 마감 처리하면 된다.

1

2

3

4

1_ 아이들은 이런 협소한 공간의 다락방을 좋아한다. 환기와 통풍을 위해 창문을 설치하고 때로는 지붕에 천창을 설치하기도 한다.
　실내에 창문을 설치할 때는 거실이나 1층의 열손실을 최소화하는 방안을 염두에 두어야 한다.
2_ 계단실 부분은 설계 시 집을 설계할 때 코어 부분에 해당하므로 신중하게 선택해야 한다. 계단실 아래 공간을 창고로 활용하였다.
3_ 다락방보다는 높고 2층보다는 조금 낮은 중층 부분은 대개 지붕 경사각에 1층 벽체를 조금 더 올려 중층 발코니와 방, 침실, 서재 등을 배치한다.
　외국의 사례는 다락방을 주로 만들지만, 국내에서는 설계하다 보면 대부분 중층형으로 바뀌는 경우가 많다.
4_ 통나무집을 설계하다 보면 중층 공간에 지붕과 집 전체의 균형미와 밸런스를 위한 유효한 높이와 공간들이 생기는 데 원설계에는
　반영하지 않았다가 현장에서 변경하는 경우가 많다. 또한, 설계 때 미래의 증축을 예상하고 인위적으로 반영하는 때도 있다.

10 고양 북한산 백운산장

대한민국 1호 통나무 산장, 백운산장

산악인들의 고향인 북한산 '백운산장'이 문화유산으로 남을 것인가 아니면 역사의 뒤안길로 사라질 것인가. 90년 넘게 산악인의 고향 같은 존재로 남아있는 백운산장은 통나무구조에 산악인들의 정성이 담긴 돌을 조화롭게 접목하여 지은 국내 최초의 민간산장으로 북한산 정상인 백운대 바로 아래, 해발 약 650m에 있다.

백운산장은 1924년에 처음 터를 잡고 1933년 건축허가를 받아 신축된 국내 최초의 민간산장으로, 6.25 한국전쟁 때 한차례 폭격으로 허물어진 후 1959년 서울산악회 소속 산악인들에 의해 재건축되었다. 1992년 등산객 실수로 지붕이 불타면서 다시 산악인들이 힘을 모아 1995년에 설계하여 1996년 2층으로 증축된 모습으로 지금까지

53py (176.27㎡)

위 치	경기도 고양시 덕양구 북한동
건 축 면 적	110.85㎡(33.53py)
연 면 적	176.27㎡(53.32py)
1 층 면 적	107.27㎡(32.45py)
2 층 면 적	69㎡(20.87py)
구 조	통나무주택
외 부 마 감	석재, 통나무
내 부 마 감	통나무, 판재, 석재
지 붕 재	너와
설 계	홍승복 소장
시 공	정일품송
취 재 협 조	정일품송 043_647_1161

1959년 서울산악회 산악인의 땀과 정성으로 재건축한 백운산장은 1992년 화재로 돌만 남은 채 불탔다. 산악회원으로 설계사무소를 운영하던 홍승복 소장은 어떻게 하면 백운산장의 옛 모습을 그대로 유지한 채 통나무 대피소 산장을 설계할까 고민 끝에, 벽체는 원형을 그대로 유지한 채 구조보강을 위해 1층 확장과 2층 증축 부분을 통나무구조로 결합하여 완성하게 되었다.

90년째 운영되고 있는 문화적 가치가 있는 산장이다. 그러나 산악인과 국립공원관리공단 간의 역사적 존폐에 관한 갈등이 모 방송 프로그램을 통해 보도되면서 그대로 존치해야 한다는 쪽으로 많은 사람의 호응을 얻어 지금까지도 서명운동을 이어지고 있다. 오랜 기억 속의 방송과 기사, 촬영한 사진들을 보면서 오랜 과거의 기억들을 되살려본다. 백운산장 도면을 처음 접한 것은 산악회 회원으로 설계사무실을 운영하는 홍승복 소장과 박승기 산악인을 만난 때였다. 백운산장 지붕이 불타서 증·개축을 해야 하는데 당시에는 통나무주택이 생소한 때라 재료선택에 관한 자문을 구하던 중에 제안한 것이 통나무구조였다. 재료와 공법의 선택은 백운산장까지 헬기운송료가 관건이었다. 1996년 당시에 시멘트 16포(중량 700kg) 운송료가 약 45만원 정도인 것으로 기억한다. 통나무 벽체 1㎥당 중량이 750kg으로 통나무주택의 벽면 기준으로 벽체량을 계산하면 6㎡를 쌓을 수 있었다. 물을 사용하지 않고 조립만 하면 되는 통나무주택의 건축방식이 설득력을 얻어 통나무구조로 결정하였다. 1995년도 핀란드 통나무주택 제조회사와 엔지니어링 회사에 여러 차례 출장도 다녀오고 돌과 접목하기 위한 구조적인 문제해결을 위해 큰 노력을 했다. 1996년 공사는 시작됐고 국내 최초로 헬기로 자재를 운송하여 건축하는 통나무주택 1호가 되었다. 산악인 홍승복 소장, 박승기 산악인의 노력으로 무사히 건축을 마친 후 지금까지 20여 년간 산악인들의 꾸준한 사랑을 받고 있는 백운산장이다. 사실 백운산장의 헬기운송은 국립공원관리공단에서 대피소 성격의 산장 건축의 가이드라인이 되었고, 그 이후에도 설악산 대청산장, 세석산장, 벽소령산장, 장터목산장 등 북한산의 16개 관리사무소 및 부대시설, 그리고 각 국립공원의 야영장시설 등 많은 통나무주택의 실적을 쌓게 되는 계기가 되었다.

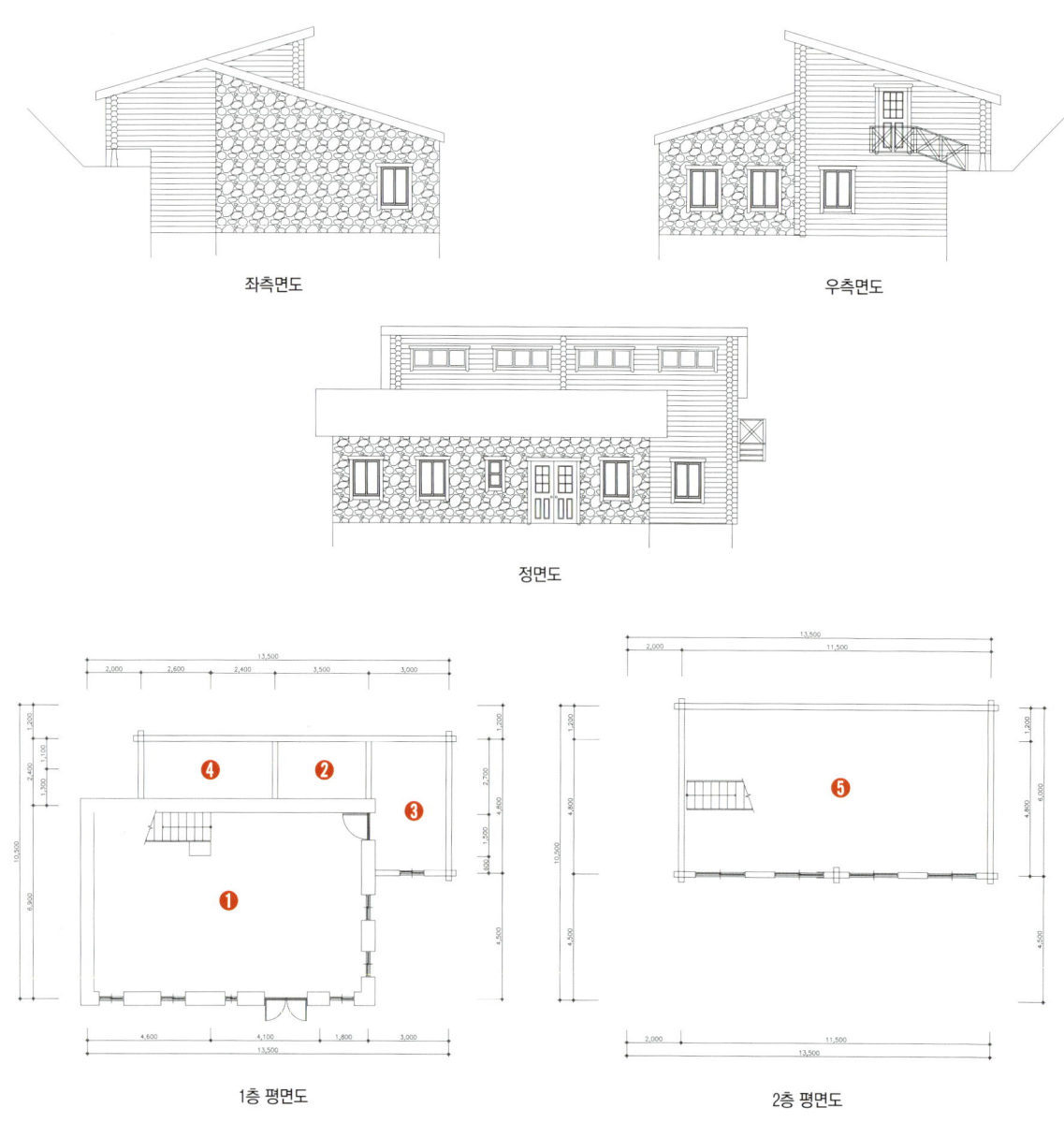

좌측면도

우측면도

정면도

1층 평면도

2층 평면도

❶ 홀   ❷ 매점   ❸ 관리실   ❹ 주방   ❺ 대피소

1

2

3

1_ 백운대를 오르는 길목에서 산악인들의 이정표이자 대피소 겸 휴식처인 백운산장의 외관은 통나무주택이 아닌 석조건물처럼 보인다. 1959년에 산악인들이
　　북한산 해발 약 650m에 위치한 백운산장까지 돌을 날라 건물을 정성과 땀으로 지었는데, 그 정성이 헛되지 않게 돌로 외관을 살리는 것은 아마도 산악인의
　　역사와 추억을 보존하려는 노력의 일환이었을 것이다.

2_ 우물을 중심으로 좌측은 북한산 정상인 백운대로 오르는 길이고 우측에는 90여 년이란 긴 세월 동안 지켜온 휴식과 대피를 위한 백운산장이 있다.

3_ 불에 그을린 석재들을 다시 보수하고 창호들을 새로 달고 디자인한 대로 재건축하여 20여 년의 세월이 흘렀음에도 변함없는 모습이다.

1

2

3

4

5

6

1_ 전면부 석재는 그대로 사용하고 지붕구조체와 서까래, 창호는 핀란드 통나무회사에서 수입하여 시공하였다.
　지붕의 박공널과 창호 개구부는 디자인 형태대로 돌로 재시공하였다.
2_ 1층 전면 벽은 석재로, 증축과 함께 2층 대피소는 통나무구조로 시공하였으며 지붕은 적삼목너와로 자연미를 살렸다.
3_ 평지붕 형태였던 옛날 산장의 지붕을 철거하고 석재 외관을 유지한 채 디자인에 따라 돌을 쌓고 지붕 형태를 만들었다. 좌측면이 통나무와 석재를 결합하여
　증축한 부분이다. 지붕구조체와 처마도리를 돌 벽체와 통나무 구조체 결합을 위에 높이조절 볼트로 결합하여 일체형을 이루었다.
4_ 베란다를 받치는 목재 브래킷을 거칠게 만들어 더욱 자연스럽다.
5_ 좌측 석재 벽면은 1959년에 지어진 산장의 원형을 유지한 채 개보수하고, 1층 통나무 편의시설과 2층 대피소는 190mm 원형통나무로 결합하였다.
6_ 요사채에서 바라다본 백운산장의 모습. 단순하게 반복한 쉐드형 지붕 디자인이 세월이 지났음에도 세련미가 보인다.

1

2

3

4

5

6

1_ 백운산장 한자 현판은 마라토너 손기정 옹이 썼다. 그는 양정중학교 산악부 출신으로 북한산을 자주 찾았던 마라토너 겸 산악인이었다.

2_ 적삼목 너와로 지붕을 마감하니 자연에 순응하며 주변의 산세와 조화를 이룬다.

3_ 20년 세월의 때가 묻은 출입문과 창호들은 알프스 산장을 연상케 하지만, 백운산장이란 현판과 석재 벽면은 우리나라 1호 산장답게 수 많은 산악인의 사연을 보는 듯하다.

4_ 적삼목너와 지붕 상세.

5_ 일제 강점기 때인 1924년 이해문씨가 움막을 만든 것을 시작으로 백운산장의 역사는 90년이 넘었다. 지금은 그의 손자 이영구씨가 1946년 16살의 나이에 산장으로 들어와 지금까지 72년간 백운산장을 지키고 있다. (사진_ 중앙 이영구·김금자 부부, 좌·우측 한문화사 대표 이인구·손정미 부부)

6_ 백운대에서 내려다본 백운산장의 모습이다.

1

2

3

4

5

6

1_ 산장의 원형인 석재 벽면을 그대로 보존하면서 벽면을 통나무 판재로 마감하고 공간을 분할하여 매점과 홀을 배치하였다.
2_ 탁자가 핸드메이드 통나무테이블이라 집과 더욱 잘 어울린다. 추억의 사진들이 붙은 통나무 패널 벽체, 탁자, 조명 등으로 통나무 산장의 분위기가 물씬 느껴진다.
3_ 석재 벽면을 통나무 판재로 마감하였다. 통나무 판재 벽에 걸려 있는 사진 속에서 오랜 세월의 흔적들을 만날 수 있다.
4_ 백운산장의 국가 귀속을 반대하는 산악인들이 구호와 함께 서명운동을 하고 있다.

7

8

9

10

11

12

5_ 라미네이트 집성보로 2층 통나무 구조체를 받치고 있으며 2층 통나무벽체 상단과 석재 벽체 위의 서까래를 노출하여 개방감을 높였다.

6_ 카운터도 판재로 마감하여 전체적으로 통나무집과 잘 어울리는 분위기를 조성하였다.

7, 9_ 돌로 쌓은 벽난로와 내부계단의 모습. 원형통나무 중보 위에 서까래를 걸어 지붕을 받치고 있다.

8_ 2층 대피소에서 내려다본 1층 전경.

10_ 통나무를 켜서 만든 통나무 계단과 핸드레일로 튼실하게 구성하였다.

11_ 지붕선을 따라 노출된 서까래가 통나무 중보와 벽체가 만나는 결합 부분을 상세하게 보여주고 있다.

12_ 20여 년 동안 산악인의 피난처 역할을 해 온 2층 대피소의 모습이다.
    좌측은 1층 침상으로 1인당 50cm의 설계기준을 적용하고 우측은 2단 침상으로 노출 서까래와 원목 판재로 마감하였다.

1

2

3

4

5

6

1_ 지붕 마감 판재와 침상은 25mm 원목마루 판재로 마감하였다.
2_ 채광창을 면 분할하여 배치하고 대피소는 출입구, 평상, 등산객 배낭 놓는 선반으로 간결하게 구성하였다.
3_ 높은 쪽의 상부 면을 이용한 경사지붕의 채광창은 대피소 전체를 밝게 해준다.
4_ 통나무 산장의 모습은 때론 군대 내무반 같지만, 산악인의 안식처이자 북한산 백운대에서 위험 상황을 피할 수 있는 유일한 곳이다.
5_ 창 옆으로 걸려 있는 액자들이 백운산장의 역사를 말해준다.
6_ 통나무 벽체는 핀란드산 지름 190mm 적송을 사용하였다. 나뭇결이 그대로 살아 있는 자연미를 느낄 수 있다.

1

2

3

4

5

6

1_ 2단 침상에서 바라다본 지붕구조체와 2층 내부의 전경.
2_ 2단 침상으로 좌측은 2층 같고 우측은 단층인 통나무 건축으로 산장 전체는 마치 3층으로 구성한 듯하다.
　　많은 등산객을 대피시키기 위해 최대의 공간을 활용할 수 있는 가장 효율적인 공간구조이다.
3_ 세월의 무게를 느끼게 하는 1층과 2층 침상마루 모습이다.
4_ 오랜 세월이 지났어도 창호 몰딩 마감과 등산배낭을 얹는 선반의 흐트러짐이 없는 짜임새로 보아 장인의 손길이 느껴진다.
5_ 복도 양쪽으로 늘어서듯이 긴 디딤목을 놓아 계단 대용으로 사용하고 있다.
6_ 1층 매점과 홀로 연결된 출입문에서 바라다본 복도와 대피소 전경이다.

11 제주 대정통나무주택

만족도 높은 흐름의 미학

제주 대정통나무주택은 흐름의 미학을 살린 고급형 전원주택이다. 전원주택에서 가장 중요한 것은 자연과의 편안한 호흡이며 흐름이다. 가족들이 삶을 한층 편안하게 하는 것은 공간의 흐름을 고려한 디자인이다. 밖에서 안으로, 안에서 밖으로 이어지는 편안함이 있어야 한다. 이 집은 공간의 크기와 방향 그리고 빛의 양을 알맞게 구성한 가장 적절한 창호계획으로 건물의 완성도를 높여 자연과의 균형 있는 삶의 공간을 완성하였다. 대정통나무주택은 내부계단이 있는 2층 구조이다. 캐나다산 목재를 라미네이트 가공으로 뒤틀림이 없고 우물정자식 짜맞춤 공법을 사용하여 내구성이 좋고 지진에도 안전하다.

통나무주택

68py (224.16㎡)

위 치	제주특별자치도 서귀포시 대정읍 신평리
건 축 면 적	116.43㎡(35.22py)
연 면 적	224.16㎡(67.81py)
1 층 면 적	109.53㎡(33.13py)
2 층 면 적	114.63㎡(34.68py)
구 조	통나무주택
외 부 마 감	통나무
내 부 마 감	강화마루, 실크벽지, 페인트
지 붕 재	아스팔트슁글
설 계	XIAOYU HOMES
시 공	토네이도시스템
취 재 협 조	토네이도시스템 031_339_8911

내부는 통나무집으로 짓고 외부는 세련된 디자인의 목조주택으로 지었다.

거실과 이어지는 테라스, 테라스에 이어지는 정원, 정원을 넘어 넓게 펼쳐진 제주의 푸른 들은 또 하나의 나의 정원인 것이다. 이러한 연결 즉, 흐름은 자연과 교감, 구성원 간의 교감으로 확대되어 정서적 안정과 일상의 편안함으로 이어져 행복한 전원생활을 만끽할 수 있다.

한 면의 지붕은 통으로 연결하고 다른 한 면의 지붕은 단을 주어 분할했다. 제주 특유의 현무암 돌담과 지붕의 색이 닮아 일체감을 이룬다.

좌측면도

우측면도

정면도

배면도

1층 평면도

2층 평면도

❶ 거실　❷ 주방　❸ 침실　❹ 방　❺ 욕실　❻ 드레스룸　❼ 가족실　❽ 간이주방　❾ 현관　❿ 휴게실　⓫ 다락방　⓬ 데크

1

2

3

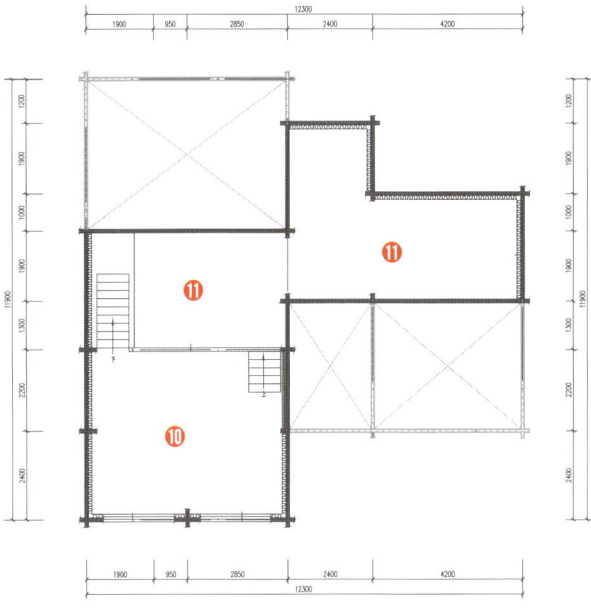

4

3층 평면도

1_ 전원 속에 자리 잡았다. 시원하게 확 트인 공간에서 전원생활을 한껏
   누릴 수 있는 곳이다.
2_ 가지런하게 잘 쌓은 현무암 검은 돌담이 안정과 질서를 보여준다.
   여름에 자란 풀과 담장 그리고 집이 서로 조화롭다.
3_ 평지에 지은 2층 구조의 통나무집으로 한가롭고 평화로운 풍경
   속에 자리 잡았다.
4_ 높지도 낮지도 않은 돌담으로 가까이 다가가면 안이 들여다보이지만,
   무심코 지나는 행인의 시선을 가려줄 만큼의 적당한 높이다.
   길 따라 길게 이어진 자연스러운 돌담의 멋에 마음이 쏠린다.

1

2

3

4

5

6

1_ 돌담과 나무가 어우러져 제주도 특유의 풍경이 그려지는 전원주택이다.
2_ 입구의 모서리 땅을 나누고 다듬어서 작품으로 만들었다.
3_ 잔디 위에 가지런하게 놓은 디딤돌이 동선을 안내한다.
4_ 마당의 일부는 잔디를 깔고 집 주위로는 자연스럽게 화단을 조성했다.
5_ 안에서 밖으로의 흐름을 고려한 데크 디자인이다. 밖으로 보이는 숲과 만나는 위안이 크다.
6_ 여름이면 그리워지는 데크 공간을 간결하면서 시원스럽게 꾸며놓았다.

1

2

3

4

5

6

7

1_ 건물 외벽에 한옥의 툇마루 같은 공간을
만들어 주방으로 접근이 쉽게 했다.

2_ 2층에도 복도식 발코니를 놓아 밖을
조망할 수 있다.

3_ 테라스를 만들어서 남의 눈을 의식하지 않고
풍광을 즐길 수 있는 공간이다. 썬베드에 누워
햇볕에 몸을 태워도 좋고, 파라솔을 펼쳐놓고
그늘을 즐겨도 좋은 공간이다.

4_ 2층 테라스 밑으로 비와 직사광선을 차단해
주는 제2의 거실인 데크를 설치하였다.

5_ 거실의 아트월을 은은하고 부드러운 색상의
석재로 마감하고 간접조명을 설치했다.

6_ 드러난 노치의 단면을 깔끔하게 마감하니
한결 유연하다.

7_ 상부는 고정창, 하부는 미닫이문으로
모던하고 세련된 느낌의 블랙 철제프레임
으로 디자인한 창호다.

1

2

3

4

5

6

1_ 거실 천장이 높아 장중해 보인다. 문 위에 빛을 들이기 위한 광창을 설치하여 실내는 더욱 밝고 넓어 보인다.
2_ 높은 오픈천장으로 간접조명으로 은은한 분위기를 연출하고 시스템에어컨과 팬(fan)을 설치하여 공기순환을 도왔다.
3_ 브라운 톤의 인테리어, 가구, 조명등이 완전한 조화를 이룬 고급스런 실내 디자인이다.
　다크브라운 톤의 원목마루와 연한 톤의 통나무로 실내를 마무리하여 시각적인 안정감을 준다.
4_ 주방 입구에 아치형 통나무 프레임으로 공간을 나누어 주방과 식당구역의 분리효과를 냈다.
5_ 6인용 식탁이 놓인 식당 공간이다. 원목 식탁과 다크브라운 톤의 바닥재, 블라인드를 조화롭게 선택하여 식당 분위기를 연출했다.
6_ ㄷ형의 주방에 전체적으로 빌트인 붙박이장을 설치하고 모든 가전제품을 안으로 정리하여 군더더기 하나 없이 깔끔한 주방이다.

1

2

3

4

5

6

7

1_ 주방 옆 보조주방에도 흰색의 하이그로시로 빌트인하여 냉장고, 세탁기 등을 안으로 들여앉혀 정돈하였다.

2_ 목가구는 무게감이 있는 진한 색으로 하부를 마감하고 벽체는 옅은 색을 선택하여 안정감이 있다.

3_ 집성목으로 계단을 만들어 나무의 자연미를 느끼게 하는 계단실이다. 계단 밑 공간은 창고를 만들어 수납공간으로 활용하고 있다.

4_ 미술작품이 걸려있고, 책꽂이 겸 수납장을 혼합한 가구의 구성이 예사롭지 않다.
　침대 헤드보드 위에 블랙 프레임의 그림을 부착해 모던하면서도 앤틱한 분위기가 있는 침실이다.

5_ 최고의 품격과 멋은 단순미에 있다. 통나무 침대와 사이드테이블, 목가구를 놓아 단순하면서 분위기 있게 장식한 침실이다.

6_ 강화유리에 월넛 컬러의 목재핸드레일을 달고, 난간 기둥 또한 같은 컬러로 통일감을 주어 고급스럽게 디자인했다.

7_ 무겁지도 않고 가볍지도 않은 사각과 직선이 조화롭게 정돈된 느낌이다.
　베이지색 타일과 다크브라운 월넛 수납장이 조명을 받아 한결 따뜻하고 안정감이 드는 욕실이다.

1

2

3

4

5

6

7

1, 2_ 오픈천장 목구조가 맞배지붕 삼량가 형태로 명쾌하면서 세련된 구조이다.
3_ 월넛 집성목으로 만든 따뜻한 느낌의 넓은 세면대의 하부장이 눈에 띈다.
4_ 통나무주택의 벽체와 어울리는 목가구로 파우더룸을 꾸몄다.

8

9

10

11

12

13

5_ 빠꾸기창을 화이트 몰딩과 블랙 철제 고정창으로 마감하고 전통미가 있는 등을 설치하였다.

6_ 아치형 통나무 프레임 안쪽에 흰색과 목재 브라운 계열로 조합한 2층 응접실이 있다.

7_ 통나무 벽체와 어울리는 월넛 원목마루에 멋진 원목 테이블 의자 세트를 놓아 분위기 있는 공간을 연출하였다.

8_ 멀바우 집성목 디딤판과 핸드레일을 나무로 디자인하여 따뜻한 느낌이다.
 2층으로 올라가는 계단참에 큰 꽃병을 놓고 은은한 벽부등으로 계단실의 장식미를 더했다.

9_ 공간구성이 가장 안정된 삼각형 구도로 벽의 지붕선을 따라 오각형의 독특한 창호 디자인이 인테리어 효과를 높였다.

10_ 지붕의 자투리 공간에 천장의 지붕 경사를 그대로 이용하여 휴게실을 마련했다. 조용히 앉아 명상하고 차 한잔하고 싶은 아늑한 공간이다.

11,12_ 각재를 이용하여 난간대를 현대적인 감각으로 튼실하게 꾸몄다.

13_ 좁은 다락에 빛이 가득하다. 단 1평도 낭비하지 않고 공간의 분할의 흐름을 기능적으로 편안하게 풀어낸 집이다.

12 대천 통나무펜션리조트 _ VIP룸

바다와 어우러진 리조트형 통나무 펜션

남해 바닷가에 유명한 독일마을이 있듯이 서해 바닷가에는 통나무리조트타운이 있다. 길이 3.6km, 너비 100m로 서해안 최대의 해수욕장으로 꼽히는 대천해수욕장과 대천항 인근 해안로에 위치한 이곳은 대형 단지형 통나무펜션리조트로 가족 단위의 최고 휴양지로 유명하다. 이 통나무리조트 단지 내에 있는 로글리는 시원한 소나무 숲을 배경으로 아름답고 깨끗한 서해 바다를 조망할 수 있는 천혜의 자연환경과 단지 내에서 최고의 시설을 갖춘 수공식 통나무 펜션이다.

수공식(Hand craft) 통나무집은 각기 다른 성격을 가진 원목을 하나하나 직접 손으로 자연스럽게 가공하여 사

통나무주택

69py (229.4㎡)

위 치	충청남도 보령시 해안로 705-48(신흑동 558-27)
건 축 면 적	141.4㎡(42.77py)
연 면 적	229.4㎡(69.39py)
1층 면적	132.4㎡(40.05py)
2층 면적	97㎡(29.34py)
구 조	통나무주택
외 부 마 감	통나무
내 부 마 감	원목마루, 통나무
지 붕 재	아스팔트싱글
설 계	동방이엔씨건축사사무소
시 공	대천통나무펜션리조트
취 재 협 조	대천통나무펜션리조트 041_931_1503

보령시 해안로에 짙은 초록색 집이 있다. 시야가 확 트인 바닷가 숲속에 자리 잡고 있는 리조트형 수공식 통나무 펜션이다.

용한다. 그러므로 통나무집 벽체의 단(Round)을 이루는 부재는 원목의 굵기와 모양이 저마다 달라 같은 도면을 놓고도 똑같은 집을 짓기란 매우 어려운 일이다. 통나무집 짓는 방식은 다양하다. 하지만, 건축 자재들이 보편화 되면서 기술적인 위험이 따르는 노치 스타일(notch style) 통나무집보다는 기둥과 보를 세워 집을 지지하는 포스트 앤 빔(post & beam) 방식이 훨씬 더 많이 이용되고 있다.

대천통나무펜션리조트의 VIP룸은 박공지붕 형태에서 중간을 한번 꺾어 경사를 더해 준 꺾인지붕 모양에 포스트 앤 빔(post & beam) 방식으로 기둥과 보를 세우고 검증된 2×4, 2×12 목조주택으로 마무리하였다. 내부구조는 통나무의 기둥과 보가 그대로 노출되어 있어 통나무집만의 색다른 면모를 느낄 수 있다. 자연스럽고 웅장한 멋을 자랑하는 통나무에 장인의 솜씨로 만들어낸 부드러운 곡선의 조형미를 살린 디자인컷팅은 실내의 볼거리다. 또한, 천장까지 높고 시원스럽게 트인 오픈천장의 이층구조에 다락까지 길게 이어지는 현대적 감각이 가미된 계단과 난간 역시 이색적인 분위기를 자아내며 또 하나의 볼거리를 던진다. 통나무 펜션 안팎에서 일반주택과는 다른 이색적인 분위기를 만끽할 수 있는 곳이다. 도심에 사는 사람들은 한번쯤 틀에 박힌 일상에서 벗어나 무언가 색다른 장소에서 색다른 체험을 하고 싶어한다. 매년 이곳 휴양지를 방문하는 많은 사람이 굳이 수공식 통나무 펜션에서만 머물고 싶어하는 이유를 알 수 있다.

1

2

3

4

1_ 로글리에 있으면 눈과 귀와 입이 즐겁다. 이국적인 통나무마을 전경도 감상하고 가까이 대천항에서 나오는 신선한 제철 해산물도 맛볼 수 있다.
   또한, 밤에는 잊지 못할 라이브공연으로 즐거운 추억거리를 만들 수 있는 곳이다.
2_ 블랙 프레임에 고풍스러운 단조로 디자인한 심플하면서도 모던한 출입구의 모습이다.
3_ 부재가 그대로 드러나는 통나무집은 남성적인 야성미가 느껴진다. 외부계단을 만들어 2층으로 바로 출입할 수 있게 했다.
4_ 갈색과 초록색의 만남이 부드러우면서도 강렬하다. 집 구조보다 색이 먼저 눈길을 잡는다.

1

2

3

4

5

6

1_ 데크 한쪽에 스파를 즐길 수 있는 공간을 마련하고 가림 벽과 판문을 달았다.
2_ 데크에 의자 겸용의 낮은 난간을 설치하여 외부와의 경계로 삼고 외부에서 바로 주방으로 출입할 수 있도록 출입문을 달았다.
3_ 데크 밖의 풍광과 자연이 그대로 느껴진다. 현대 주택에서는 내·외부를 연결해주는 중간 공간으로 데크가 그 기능을 대신하고 있다.
4_ 거실은 이층구조의 오픈천장으로 넓고 높게 확장된 공간감을 느낄 수 있어 시원스럽다.
5_ 환상적으로 통 큰 구상이다. 직선과 곡선의 조화로움을 확장해가는 구상이 높은 경지의 멋을 보여준다.
6_ 장인의 능력을 맘껏 발휘한 절정의 공간이다. 천정을 이룬 결합구조가 남성미와 부드러움을 함께 보여주고 있다.

1

2

3

4

5

6

1_ 사무실은 이성과 긴장이 필요한 공간이지만, 집은 감성과 안락함이 더 필요한 공간이다.
2_ 나무 향 가득한 자연을 실내에서도 느낄 수 있어 친환경 통나무 펜션에서 몸과 마음을 힐링할 수 있다.
3_ 통나무를 주 건축재료로 사용한 집인 만큼 통나무를 많이 이용하여 나무집의 따뜻한 이미지를 잘 접목하였다.
4_ 천장은 꺾인지붕의 지붕선을 그대로 살려 루버로 처리하고 벽체는 밝은 톤의 벽지로 마감하였다.
5_ 동심을 자극하는 벽지와 커튼 인테리어로 개성 있는 공간연출을 시도하였다.
6_ 통나무에 준 곡선의 변화가 예사로운 감각이 아니다. 통나무 보에 적당한 곡을 만들어 무거움을 완화하였다.

1

2

3

4

1_ 보라색 톤의 ㄷ자형 싱크대로 아일랜드 테이블 겸 작업대로 넓게 사용할 수 있게 하였다.

2_ 모서리 부분에 노출형 벽난로를 설치하여 보조 난방기구로 활용한다.

3_ 욕실도 고급화, 차별화의 바람이 불면서 기능적인 면과 함께 휴식을 취하는 공간으로 의미가 바뀌고 있다.
　　휴식을 위하여 스파츕용 월풀욕조를 설치하였다.

4_ ㄷ형의 주방에 전체적으로 빌트인 붙박이장을 설치하고 모든 가전제품을 안으로 들여앉혀 군더더기 없이 깔끔하게 정돈된 주방이다.

1

2

3

4

1_ 목조 일색인 실내에 넝쿨문양의 블랙 단조 철제난간으로 색감과 실내 이미지의 변화를 시도했다.
2_ 현관의 모습으로 통나무집의 장점을 고스란히 살려 통나무 그대로의 질감을 집안으로 들여놓았다.
3_ 전체를 떠받치고 있는 굵은 통나무의 우직한 견고함이 주는 안정감이다. 나무 자체가 지닌 무늬가 그대로 장식이 되었다.
4_ 지붕 공간을 활용한 오픈천장은 언제나 내부 공간을 더욱 넓게 보이게 하는 효과와 구조적인 아름다움이 있다.

1

2

3

4

5

1_ 경사 지붕에 나란히 설치한 두 개의 창을 통해 들어오는 자연채광이 실내를 환하게 비친다.

2_ 2층으로 올라가는 기품있는 계단부. 통나무의 결합과 곡면 디자인컷팅으로 통나무를 하나의 조각작품처럼 연출한 아름다운 실내의 절정이다.

3_ 목공예 설치작품같이 계단도 품위 있게 만들 수 있음을 보여준다. 공간의 아름다운 창조는 끝이 없다.

4_ 중앙에 강렬한 검정과 적색 그리고 청색으로 연출한 홈바에 눈이 쏠린다. 시각과 미각을 자극하는 개성있는 인테리어 컨셉이다.

5_ 2층 코너에 블랙 앤 레드의 넓은 홈바를 마련하여 마치 상업시설에 온 것 같은 느낌의 흥미로운 가족실의 공간연출이다.

1

2

3

4

1_ 완만한 곡선을 그리며 인테리어의 대미를 장식한 2층의 단조 철제난간이다.
2_ 블랙 난간이 전체를 주도하며 인테리어의 포인트가 된 멋진 디자인의 계단이다.
3_ 나무는 나무대로 난간은 난간대로 제 영역을 지키고 있다. 난간이 공간을 분할하며 동선을 유도한다.
4_ 2층에서 3층 다락으로 이어지는 계단의 측면으로 구성미가 있다.

1

2

3

4

5

6

1_ 구조적 아름다움이 돋보이는 개방된 2층 복도로 엔티크한 단조 난간으로 조형미를 더했다.
2_ 3층 다락에서 내려다본 모습으로 개방된 1, 2층의 구조가 한눈에 들어온다. 시원함이 느껴지는 오픈 공간이다.
3_ 거대한 파노라마를 보는 듯하다. 벽에는 나비가 날고, 넝쿨 문양의 난간도 거대한 나비가 되어 날고 있는 듯하다.
4_ 잘 드러나지 않은 좁은 박공지붕의 다락으로 혼자 있고 싶을 때 최적화된 공간이다.
5_ 공간 자체만으로도 평화롭고 빛이 주는 강렬함이 있어 더욱 빛나는 공간이다.
6_ 은은한 불빛이 감성적인 공간으로 채워주는 펜던트등이다.

13 가평 호명리주택

10년을 가꾸고, 지어 산 지 20년 된 통나무집

풍경이 있는 호반에 반하여 마련한 땅에 주말농장을 하면서 나무와 야생화를 심어 가꾸다 13년이 지나서야 눌러살 계획으로 원래 있던 낡은 집을 헐고 통나무집을 지었다. 건축주가 그렇게 자연을 벗 삼아 산지 벌써 20년의 세월이 지났다. 그런데도 튼실하게 지은 통나무집은 예나 지금이나 크게 변한 것이 없고, 지나간 세월만큼 크게 자란 나무들로 둘러싸여 실록으로 우거진 정원만이 오랜 통나무집에 운치를 더해준다. 이 집은 검은색 돌과 갈색 통나무를 층별로 달리 사용하여 여느 통나무집과는 다른 독특한 분위기를 자아낸다. 특히 집의 지하층을 짙은 색의 온양까치석으로 마감하여 한층 안정감이 있고, 박공지붕의 자연스러운 수평 라인은 통나무 벽체

통나무주택

70py (232.9㎡)

위 치	경기도 가평군 청평면 호명리
건 축 면 적	132㎡(39.93py)
연 면 적	232.9㎡(70.45py)
1 층 면 적	132㎡(39.93py)
2 층 면 적	44.8㎡(13.55py)
지 하 면 적	56.1㎡(16.97py)
구 조	통나무(지상), 철근콘크리트(지하)
외 부 마 감	통나무, 온양까치석
내 부 마 감	통나무, 온돌마루
지 붕 재	금속기와
설 계	두우건축사사무소
시 공	정일품송
취 재 협 조	정일품송 043_647_1161

핀란드 목재와 국내 기술이 결합한 원형 통나무주택의 전경이다.

와 일체감을 이루어 더욱 눈에 띈다. 수평으로 쌓아 올린 통나무와 지붕선, 정면에 세운 5개의 수직 기둥은 수평과 수직의 조화로운 면모를 나타내며 전체적인 집의 이미지를 개성 있게 주도한다. 이 집은 지름 170~190mm를 주로 사용하는 일반 통나무주택과 달리 지름 210mm 원형 통나무로 1, 2층을 시공했다. 주택 내부 또한, 그대로 드러난 통나무를 인테리어 마감재로 사용해 벽지나 페인트 등 별다른 재료 없이도 멋진 인테리어를 연출하였다. 공간별로 분리, 설치한 실내 난방 설비 또한 관리비 절약에 크게 한몫을 하고 있는 집이다.

경사진 대지를 그대로 살려 온양까치석을 쌓고 그 위에 통나무를 얹었다.

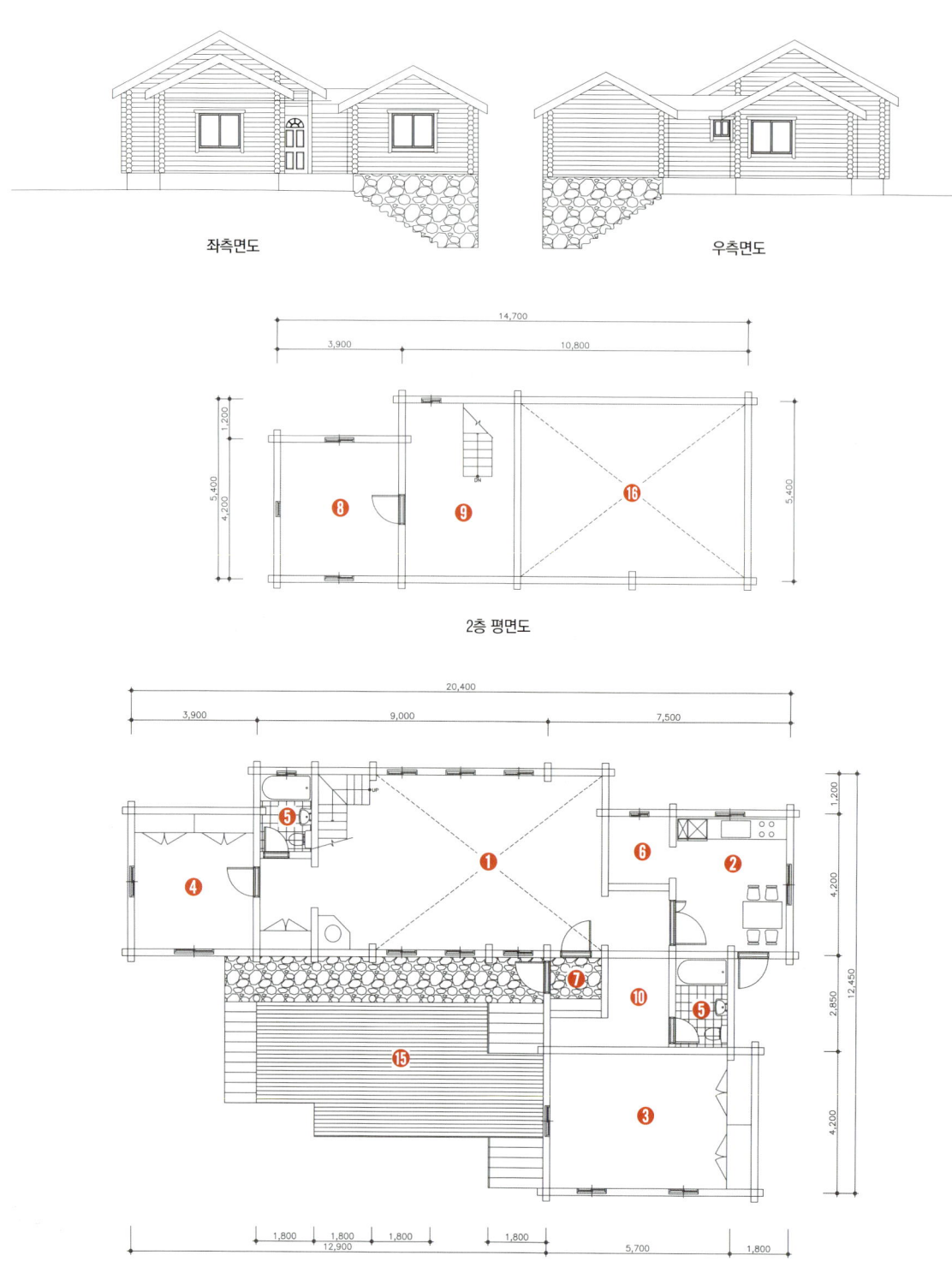

좌측면도

우측면도

2층 평면도

1층 평면도

① 거실 ② 주방 ③ 안방 ④ 침실 ⑤ 욕실 ⑥ 다용도실 ⑦ 현관 ⑧ 다락
⑨ 가족실 ⑩ 복도 ⑪ 펌프실 ⑫ 공구실 ⑬ 보일러실 ⑭ 차고 ⑮ 데크 ⑯ 오픈천장

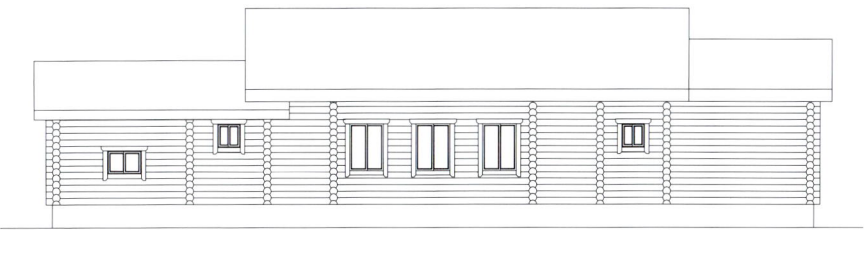

배면도

정면도

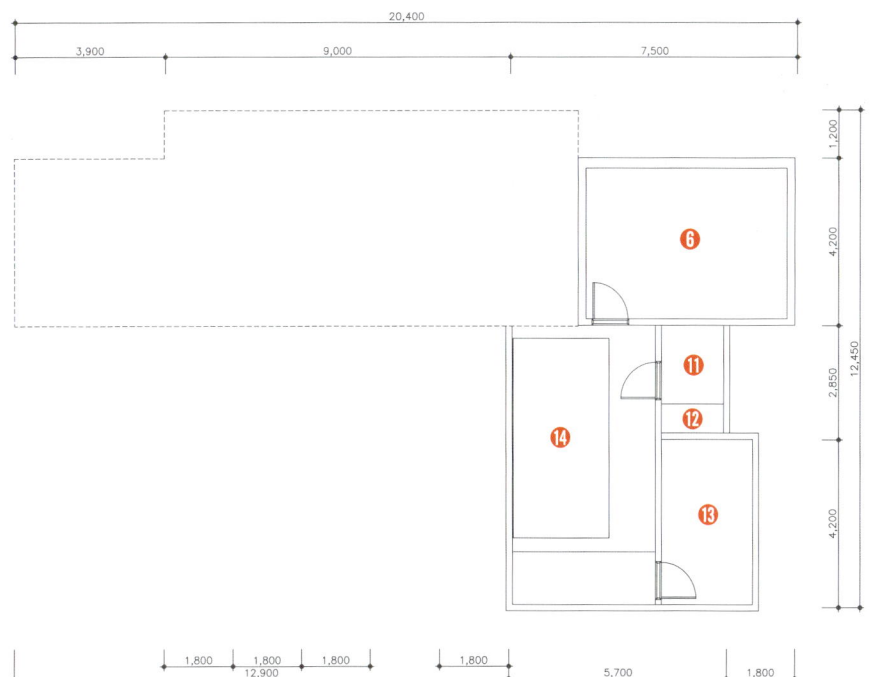

지하 평면도

1

2

3

1_ 오랜 세월이 지났어도 노출된 외부의 색상 말고는 변함이 없다.
2_ 방 2개가 모두 돌출형으로 설계되었다는 점도 이 집의 특징 중 하나이다.
3_ 데크는 돌과 나무로 바닥을 달리 마감해 다른 분위기를 나타낸다.

1

2

3

4

5

1,2_ 출입할 시에 5개의 기둥이 드리워진 석재데크를 지나야 하므로 집 앞에 펼쳐진 풍경을 감상하면서 출입할 수 있다.

3_ 주 출입구에서 현관으로 이어진 석재데크가 전통한옥의 툇마루 역할을 한다.

4_ 정원에서 2단 처리한 계단을 통해 바로 출입할 수 있는 구조다.

5_ 주방으로 이어지는 오른쪽 계단은 가족들, 주부가 많이 사용하는 곳이다.

1

2

3

4

5

6

7

8

9

10

1_ 건물의 배면으로 경사지를 그대로 활용하여 앞쪽에서 보면 2층, 뒤쪽에서 보면 단층처럼 보인다.
2_ 전형적인 박공지붕의 형태로 단순한 평면구조의 입면이다.
3_ 오픈천장이 적용된 거실로 천장은 원목루버로 마감하였다.
4_ 통나무 벽체로 거실과 주방의 공간을 분리하였다.
5_ 복층구조로 거실을 내려다볼 수 있는 아이들이 좋아하는 다락방이 있다.
6_ 높게 오픈한 천장과 보로 거실 분위기는 넓고 웅장한 느낌이다.
7_ 넓은 창문으로 유입되는 풍부한 채광으로 거실 분위기는 양명하기 그지없다.
8_ 통나무로 만든 의자와 탁자도 실내 인테리어에 한 몫을 더한다.
9, 10_ 거실 천장을 오픈시키는 대신 보를 외부로 노출해 인테리어 하였다.

1

2

3

4

1_ 배면에도 넓은 창을 설치해 온종일 밝은 실내를 유지한다.
2_ 거실 한쪽에 자리한 벽난로를 자연석으로 천장까지 마감하여 보조난방의 기능과 실내장식 효과가 크다.
3_ 거실 한쪽에 다락방으로 오르내리는 계단을 설치했다.
4_ 거실과 주방 사이에 전통문양의 용자살 여닫이문을 설치하였다.

1

2

3   4

1_ 최소의 면적으로 꾸민 실용성을 강조한 일자형 주방이다.
2_ 노치(notch)를 인테리어 요소로 활용하여 웅장한 느낌이다.
3_ 안방으로 진입하는 복도를 두어 독립성을 부여했다.
4_ 공용공간인 거실과 동떨어져 있어 한적한 여유를 즐길 수 있는 편안한 안방이다.

1

2

3

1_ 독특한 질감이 느껴지는 목제가구로 통나무 일색인 공간에 색다른 느낌이다.
2_ 통나무 벽체에 맞춰 바닥을 감각있게 연출한 욕실내부다.
3_ 가운데 통창을 두고 양쪽을 여닫이창으로 처리해 전망과 채광, 통풍등 여러 기능을 두루 갖춘 창을 설치하였다.

1

2

3

4

1_ 돌출창(도머윈도) 앞에 테이블을 두고 아담한 서재로 꾸몄다.
2_ 2층에서 내려다본 계단부 상세이다.
3_ 비스듬한 지붕선을 따라 천장을 그대로 살리고 보를 노출한 천장의
   기하학적인 구성미가 돋보인다.
4_ 현관 바닥은 검은 온양까치석을 깔고 같은 톤으로 줄눈을 넣었다.

14 일산 가나안덕 (전체 8개 동)

세계 최대의 오리구이 집, 가나안덕의 통나무집

일산 애니골에 가면 1,000석 규모에 300대 동시 주차가 가능한 세계 최대의 오리 숯불구이 전문점인 가나안덕(Duck)이 있다. 1997년 작고 허름한 축사를 개조하여 다섯 개의 테이블로 시작한 가나안덕은 계속 확장하여 전체 8개 동으로 연면적이 2,705㎡(818평)의 규모를 갖추고 있다. 마당에는 나무들과 야생화 그리고 아기자기한 소품들이 가득해 향수에 젖기도 하고 추억에 잠기기도 하는 그런 곳으로 휴식, 여유, 편안함이 있다.

건축의 형태도 얼기설기 간편하게 구성한 기둥·보 방식으로 통나무집의 개념이 그대로 이어지면서 다양한 형태의 건축물로 발전하였다. 두 동이 일자형으로 길게 이어진 2층 구조의 본채는 오리 숯불구이만을 전문으

통나무구조

818py (2,704.52㎡)

위 치	경기도 고양시 일산동구 애니골길 52 외
건 축 면 적	1,895.52㎡(573.39py)
연 면 적	2,704.52㎡(818.12py)
1 층 면 적	1,454.05㎡(439.85py)
2 층 면 적	1,020.4㎡(308.67py)
3층외면적	230.07㎡(69.6py)
구 조	통나무주택
외 부 마 감	통나무
내 부 마 감	통나무, 판재, 석재, 타일
지 붕 재	샌드위치패널, 금속기와
설 계	장인건축사사무소
시 공	건축주 직영

일산 가나안덕에 있는 전통찻집 모퉁이 입구
의 풍경이다. 철도 침목으로 만들어 놓은 길
이 정감있게 다가온다.

로 하는 특성상 주요 구조체를 통나무만을 사용하여 목구조(post&beam) 방식으로 만들고 창문 없이 개방하여
쓰다가 겨울에만 간편하게 비닐로 막아 사용하고 있다. 2003년에 지어진 466㎡(141평) 규모의 전통찻집 모퉁이
는 목구조(post&beam) 방식으로 황토벽에 시스템창호로 마감하였다. 전통찻집 모퉁이는 사랑방 개념으로 인
테리어한 자연 친화적인 공간으로 남녀노소 함께 즐길 수 있는 녹차, 감잎차, 뽕잎차 등 잎차와 꽃잎차, 열매
차, 뿌리차 등 전통차와 마실 것을 즐길 수 있는 곳이다. 이후 2009년에 지어진 699㎡(211평) 규모의 미덕원은 경
량철골구조로 집 안에 집이 있는 형태로 지어졌다. 건물 내부는 삼량가의 한옥이 들어서 있고 쪽마루, 연등천
창, 살창으로 전통미를 살리고 홀은 긴 대들보와 서까래를 걸어 개방감을 극대화하였다. 이렇듯 가나안덕은 통
나무집이지만, 편의상 다양한 건축자재와 기법을 도입했다. 전통 통나무집이라기보다는 본체는 통나무로 짓
고 나머지는 생활 편의상 상황에 따라 자재와 건축기법을 응용했다. 지붕은 샌드위치 패널을 쓰기도 하고 금속

기와를 쓰기도 했다. 철저하게 통나무로 집을 짓고 유지하겠다는 마음은 애초 가지지 않았음을 알 수 있다. 자연스럽게 짓고 보수하고 상황에 따라 보태기도 하고 설치물을 덧대기도 했다. 여름이면 나무가 많아 숲속에 지어진 통나무집을 떠올리게 한다. 정겨운 분위기 조성을 위해 지난 20년간 꾸준하게 가꾸어온 나무와 야생화 정원이 가나안덕은 언제나 그렇듯, 늘 편안함과 건강한 맛이 함께 하는 곳이다.

1

2

3

1_ 마치 숲속에 지어진 통나무집 같다. 가나안덕은 큰 틀에서 보면 통나무로 만든 집이지만,
　부수적인 것들은 생활의 편의에 따라 보태고 덧대어 전통적인 통나무집과는 다소 다른 면이 있다.
2_ 모퉁이의 정면에 통나무로 테이블과 의자를 만들어 휴식공간을 조성했다. 땔감으로 준비한 장작도 하나의 풍경이 되었다.
3_ 손님이 많아 기다려야 할 정도로 유명해진 집이다. 밖에서 차 한잔하거나 기다릴 때 사용하라는 통나무 테이블과 의자가 놓여 있다.

1

2

3

4

5

6

1_ 작은 것 하나 허투루 하지 않고 자연이 주는 향기를 함께 선사하는 곳이다.
2_ 통나무집답게 크고 작은 통나무로 목책을 만들어 경계로 삼았다
3_ 통나무를 가지런하게 쌓아 담을 만들었다. 굵기가 다른 통나무들을 쌓은 담이라 더욱 자연스럽다.
4_ 자연목의 형태를 그대로 살려 만든 도랑주이다. 중앙에 우뚝 선 원형을 그대로 지닌 도랑주가 자리 잡아 웅장하면서 한결 자연미가 느껴지는 내부다.
5_ 투박한 원형통나무 천정과 함께 창틀 위로 가지런히 설치한 광창이 전통분위기를 한껏 살린다.
6_ 나무가 가진 부드러운 질감과 색감에 맞추어 판매대도 통나무와 목재, 합판만으로 구성하였다. 자연소재가 주는 위안이 크다.

1

2

3

4

5

6

1_ 직선으로 이루어진 좌우대칭 구조가 하나의 멋진 작품을 만들었다. 통창이 많아 밝고 밖의 풍경까지 끌어안았다.

2_ 큰 대들보로 결구한 삼량가 구조로 천장은 서까래가 노출된 연등천장으로 하고 서까래 사이를 황토 미장으로 마무리하였다.

3_ 모퉁이의 1층은 테이블이 있는 입식 구조로 전통 분위기에 맞는 조명으로 내부를 은은하게 비추고 있다.

4_ 2층 입구로 천장고가 높은 벽체에 유리창과 세살 광창을 설치하여 인테리어 효과를 극대화했다.

5_ 연등천장에도 외부에서 빛이 유입될 수 있도록 천창을 내었다. 기발한 발상이다.

6_ 통나무의 거침과 살창의 가늘고 정리된 모습이 서로 밀어내지 않고 보완적이며 조화롭다.

1

2

3

4

1_ 외부에서 보는 신관 입구로 잘 정돈된 아름다운 풍경이다. 내부도 원목 그대로의 분위기다.
2_ 천장은 연기에 적응할 수 있는 샌드위치 패널을 사용하였다.
3_ 원형 통나무와 연기를 배출하는 튜브형의 덕트가 혼란스럽게 얽혀 있으면서도 나름 질서를 지키고 있다.
4_ 맷돌을 바닥 디딤돌로 사용하고 숲속에 마련한 통나무 의자도 전통찻집의 분위기를 더해준다.
　감각있는 소재의 선택으로 어색하지 않고 서로 자연스럽게 조화를 이루며 편안함을 주는 전통찻집의 휴게공간이다.

1

2

3

4

5

6

7

8

9

10

11

12

1_ 입구 좌·우측에 계산대가 있다. 두 동이 만나는 넓은 로비의 천정을 황토패널로 마감하고 바닥은 현무암으로 마감하였다.

2_ 계단 난간이 예사롭지 않다. 천연덕스럽게 숲에서 살던 그대로의 모습으로 실내까지 들어왔다.

3_ 주요 구조체를 통나무만을 사용하여 목구조(post&beam) 방식으로 지었다.

4_ 통나무집에 들어온 초가지붕의 한 부분으로 추가로 음식이 필요한 손님을 위해 셀프서비스를 제공하는 곳을 운치 있게 꾸몄다.

5_ 통나무 구조 외에는 내·외부가 모두 개방되어 있다. 왼쪽에 보이는 석축이 자연스럽게 조경물이 되었다.

6_ 본 건물에 덧대어 발코니를 만들었다. 비닐로 벽을 가려 밖을 내다볼 수 있으니 안과 밖이 하나의 공간으로 소통한다.

7_ 통나무를 살짝 가공만 한 의자, 항아리 뚜껑을 이용해 정성스럽게 만든 야생화 분경들, 맷돌 모두가 아름다움과 멋을 선사하는 정원의 가족들이다.

8_ 가나안덕 본채 입구로 마당을 나무와 야생화, 아기자기한 소품들로 정성스럽게 꾸며 기다리는 손님들의 마음을 배려했음을 엿볼 수 있다.

9_ 긴 수평구조의 간결함이 돋보이는 집이다. 마당의 맨땅은 오히려 정겹다. 도심 속에서 이런 풍경을 만날 수 있다는 건 행운이다.

10_ 도심 속에서 자연을 느낄 수 있는 앞마당으로 길게 뻗은 나무, 야생화, 연못, 물레방아 등이 정원을 아름답게 꾸민다.

11_ 주인의 마음이 가지 않은 곳이 없다. 철도 침목으로 중앙 통로를 만들고 맷돌로 디딤판을 놓아 정원으로 가는 길을 안내한다.

12_ 통나무의 결구가 그대로 드러나 시원스럽고 나무의 색감이 전체 공간 분위기를 주도한다.

1

2

3

1_ 기둥과 보, 서까래의 결구가 짜임새가 있고 전통미가 있는 조명과 소품으로 잘 정돈된 모습이다.
2_ 집 안에 집이 있는 형태로 왼쪽의 처마선과 오른쪽의 통나무 구조가 하나의 흐름으로 이어진다.
3_ 통나무집이지만 곳곳에 한국적인 요소를 더했다. 오른쪽에는 쪽마루가 있는 방을 가변형으로 만들었다.

1

2

3

4

5

1_ 지붕이 겹치는 내부의 회첨 부분과 짜임새 있게 구성한 천장이 작품이 되었다.

2_ 통나무집 안에 한옥을 들였다. 홑처마 삼량가로 단순한 구조지만 궁궐에서나 보이는 숫대살까지 보이며 한껏 멋을 냈다.

3_ 계산대를 구성한 원목에 눈이 간다. 주위에 화초들이 있어 내 집 식탁 같은 편안함이 있는 내부 홀이다.

4_ 화장실 입구의 모습으로 투박해 보이는 통나무지만 자연스러운 색감과 독특한 분위기를 나타낸다.

5_ 차분하고 트렌디한 블랙 석재로 바닥을 깔아 안정감이 있고 벽체의 화이트 톤과 통나무와 조화를 이루며
　전체적으로 고풍스러운 분위기를 보인다.

15 캐나다 팀버블럭 모델하우스

수 시간 내에 짓는 통나무집

팀버블럭만이 보유한 건축공학기술로 지은 이 통나무집은 건축현장에서 수주나 수개월이 아닌 단 몇 시간 내에 외벽이 완벽하게 조립되어 통나무집의 꿈을 실현한다. 팀버블럭은 실제 집을 짓는 곳이면 세계 어디든 건축물의 설계·시공이 가능하다. 특허된 사전조립방식은 환경적 제한이 있는 곳에서도 조립이 가능하여 건설현장의 공사기간을 단축하고 건축물 관리를 용이하게 한다. 특히, 종전의 통나무집 건축방식과 비교하면 공사기간 단축은 물론, 단단한 벽체와 사전에 도장 마감한 목재패널 사용, 건축자재에 영향을 줄 수 있는 요소들을 대폭 줄였다. 특허 제품인 R-36 단열재는 신축 건물의 단열기준치를 능가하여 에너지 효율성을 상당히 높였으며, 건축

통나무주택

79py (261㎡)

위 치	캐나다 퀘벡주
건 축 면 적	154㎡(46.59py)
연 면 적	261㎡(78.95py)
1 층 면 적	154㎡(46.59py)
2 층 면 적	107㎡(32.37py)
구 조	통나무주택
외 부 마 감	통나무
내 부 마 감	통나무, 원목마루
지 붕 재	금속기와
설계·시공	팀버블럭
취 재 협 조	팀버블럭
	www.timberblock.com

팀버블럭은 친환경 최첨단 건축시스템을 갖춘 특허기술과 효율적인 건축비로 건축주의 요구를 충족하는 통나무집을 짓고 있다.

주에게 그만큼의 에너지비용 절감효과를 가져다 준다. 또한, 최고의 에너지 효율성을 위해 보온이 뛰어난 단열 성분과 배합하여 공기의 유입이나 누출로 인한 열 손실을 최소화했다. 나무는 주로 수축할 때 횡(가로) 방향으로 수축하게 되는 데, 통나무를 횡으로 쌓아가는 통나무집에서는 나무의 이러한 수축과 자체의 하중으로 인해 벽체의 높이가 점점 낮아지는 세틀링(settling) 현상이 발생하게 된다. 팀버블럭의 통나무집은 거의 가구 목재 수준인 습도 8% 내외로 건조한 목재를 특허 조립디자인시스템과 결합함으로써 종전의 통나무집과 같은 점검과정이나 세틀링의 위험요소를 제거했다. 건축공학기술에 끊임없이 전념해 온 팀버블럭은 이와 같은 최첨단 건축시스템을 갖추고 에너지효율적인 주택을 제공한다. 또한, 다양한 라이프스타일을 충족하는 전문성과 디자인 트렌드, 건축주가 원하는 통나무집의 맞춤설계로 표준에 맞는 건축물을 정확하게 설계·디자인함으로써 건축주의 불안감을 완화하고 종전의 통나무집에서 통나무를 쌓기 위해 들였던 시간과 비용을 획기적으로 줄였다.

좌측면도

정면도

우측면도

배면도

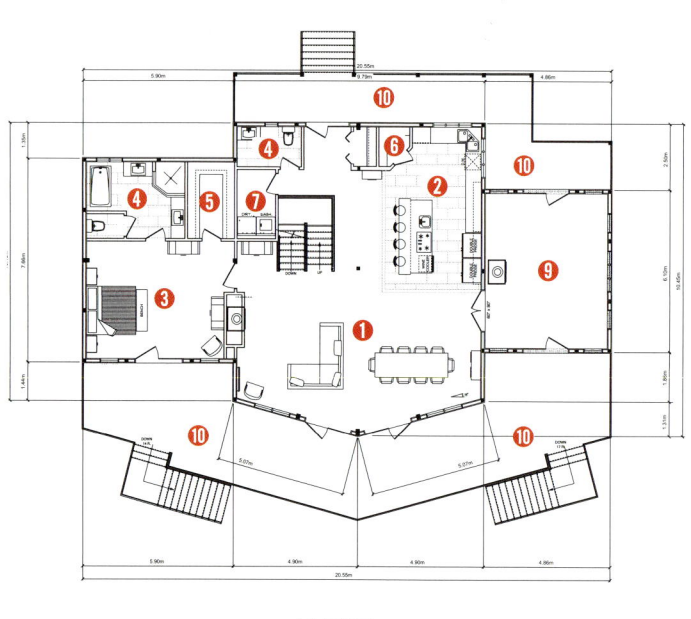

1층 평면도

❶ 거실 ❷ 주방 ❸ 침실 ❹ 욕실 ❺ 드레스룸 ❻ 다용도실 ❼ 세탁실 ❽ 휴게실 ❾ 포치 ❿ 데크 ⓫ 오픈천장

목재를 천장에 사용하면 목재에서 느낄 수 있는 특유의 따뜻하고 자연스러운 분위기를 연출 할 수 있다.

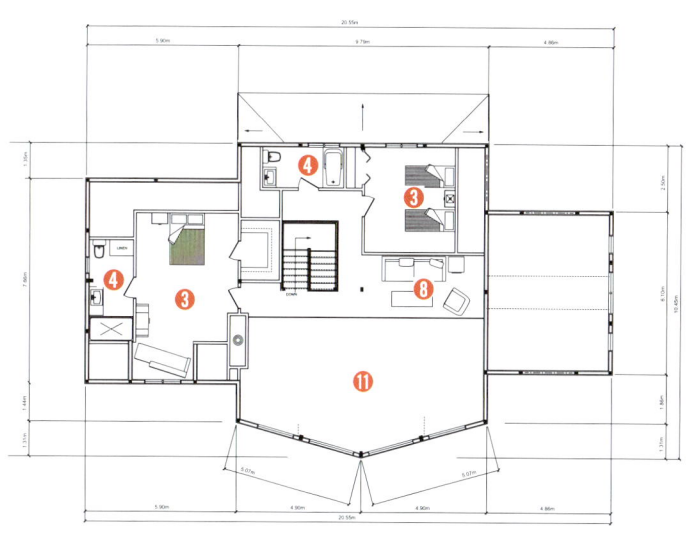

2층 평면도

1

2

3

4

1_ 거실과 주방을 하나의 공간으로 넓게 개방하여 확장감을 높였다. 블랙 앤 화이트 주방가구와 식탁이 통나무 벽체와 조화를 이룬다.
2_ 빌트인 아일랜드 테이블 중앙에 개수대, 싱크대 등을 설치하고 바닥을 넓은 폴리싱타일로 마감해 구분하였다.
　가사의 효율성을 높이고 탁 트인 시선으로 개방감이 있는 주방이다.
3_ 전면 전체에 상·하로 픽스창과 여닫이문, 슬라이딩 유리창을 용도에 맞게 넓게 설치해 실내가 양명하고 채광 효과가 뛰어나다.
4_ 천장 라인이 아름다운 오픈천장 거실이다. 미니멀 컨셉의 간결한 인테리어로 탁 트인 시야와 함께 넓은 공간감을 느낄수 있다.

1

2

3

4

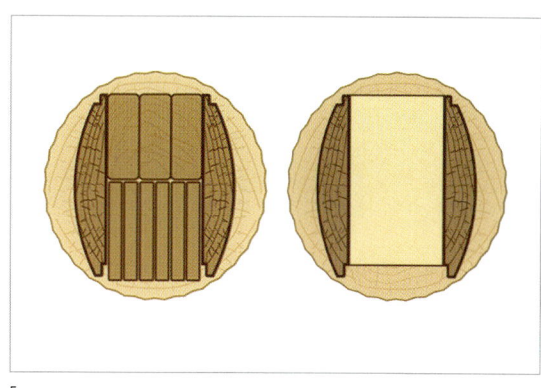

5

1_ 안정성과 전망을 고려해 시야가 방해되지 않도록 유리난간을 견고하게 설치했다. 유리난간에 사용한 강화유리는 고열에 의한
　특수 열처리로 강도를 높여 일반 유리보다 3~5배 정도 강하다.
2_ 화이트와 브라운계열의 콘셉트로 디자인된 넓은 욕실에 한쪽에는 엔틱한 가구를 배치하여 수납공간을 늘리고 바닥에는 넓은 세라믹타일을
　놓아 완성도 있게 시공한 세련된 이미지의 욕실이다.
3_ 스테인리스로 핸드레일을 달고 난간기둥을 블랙컬러로 제작하여 색상의 대비를 주었다. 깔끔하고 고급스럽게 디자인한 철제난간이다.
4_ 팀버블럭은 특허된 사전조립방식시스템으로 단 하루 만에 외벽을 완벽하게 조립한다.
5_ 팀버블럭이 제작한 통나무 단면 상세. 팀버블럭은 가구 목재 수준인 습도 8% 내외로 건조한 목재로 통나무를 가공한다.

16 미국 오하이오 페어뷰로그홈

전시장을 겸한 차고가 있는 도심형 통나무집

전면에는 차고와 넓은 잔디마당이 있고, 뒤뜰에는 파티나 휴식을 위한 공간이 있는 도심형 통나무집이다. 통나무집을 짓고자 하는 건축주를 상대로 상담하는 모델하우스 겸 전시장으로 2대의 차고가 있는 규모 있는 도심형 통나무집이다. 이 통나무집은 일괄적으로 가공한 D형 통나무로 모두 조적(notch) 방식으로 짓고 채광과 다락방의 거주성을 고려해 경사진 지붕에 출창인 큰 도머(dormer)를 설치했다. 넓은 공간을 자유자재로 활용할 수 있는 미국식 통나무집은 우리 실정에 맞지 않는 부분이 많으나 설계를 잘 다듬으면 좋은 디자인을 얻을 수 있다. 창고 겸 차고는 북측도로나 후면에 배치하면 좋을 것이고, 남향을 최대한 활용하면서 각 실의 기능을

통나무주택

112py (371.61㎡)

위　　　치	미국 오하이오 밀러스버그
건 축 면 적	154.8㎡(46.83py)
연 면 적	371.61㎡(112.41py)
1 층 면 적	154.8㎡(46.83py)
2 층 면 적	123.91㎡(37.48py)
지 하 면 적	92.9㎡(28.1py)
구　　　조	통나무주택
외 부 마 감	D형 통나무
내 부 마 감	통나무, 원목마루
지 붕 재	징크
설　　　계	페어뷰로그홈
시　　　공	페어뷰로그홈

전면에는 나무와 꽃이 어우러진 넓은 잔디마당이 있고, 지붕은 모던하고 심플한 외관의 징크(Zinc)를 사용하였다.

살려주면 더할 나위 없이 좋은 디자인이 될 것이다. 지붕 자재는 모던하고, 심플한 느낌을 낼 때 많이 사용하는 징크(Zinc)다. 징크는 건축주의 취향대로 가공이 쉽고, 내구성과 방수성이 매우 뛰어난 것이 큰 장점으로 징크 자체만 쓰기도 하고, 포인트로 멋을 낼 때 사용하기도 한다.

건물구조 속에 벽난로가 매립되는 매립형 벽난로를 공공성을 띤 거실 한가운데에 설치하고, 브라운 톤의 자연석으로 천장까지 보기좋게 마감했다. 벽난로의 화실과 연도는 벽 속에 매립하여 외관상 깔끔해 보인다. 주방에는 많은 수납공간을 두고 아일랜

가로로 길게 펼쳐져 넓고 웅장해 보이면서도 시원스러운 통나무집이다.

드 테이블을 놓아 동선의 긴밀성과 편리함을 고려했다. 우리나라와 비교하면 건축면적의 제한이 적은 미국의 집답게 넉넉하게 분할한 평면구조로 각 실마다 독립성을 부여하고 세련되고 완성도 높은 실내 인테리어를 선보이고 있다. 복잡한 도심에서 벗어나 한적하면서도 여유로운 삶을 찾아 외곽으로 빠져나가는 인구가 꾸준히 증가하고 있다. 따라서 이들을 위한 전원주택의 수요도 늘어날 것이고 통나무집 역시 전원주택의 한 유형으로 수요가 꾸준히 증가할 것으로 예상한다.

1

2

3

4

1_ 중앙의 돌출된 거실 부분을 외관의 포인트로 하여 웅장하고 시원스럽게 설계했다.
2_ 화려하게 꾸민 조경공간은 아니지만, 집 앞을 잘 가꾸어 깔끔하게 정리된 모습이 인상적이다.
3_ 차고 쪽으로 진입로가 있어 이동에 편리성을 주었다.
4_ 전면 좌측에 차 2대를 세울 수 있는 실내 차고를 마련하였다. 차고 위의 2층에 아이방을 배치하였다.

1

2

3

1_ 주차장이 있는 통나무집의 우측면은 전시실과 상담실이 있다.
2_ 뒤뜰에는 파티나 휴식을 취할 수 있는 공간이 있는 도심형 통나무집이다.
3_ 경사진 지붕에 출창인 도머(dormer)를 설치하였다.
4_ 건물 지붕이 돌출되어 포치를 형성하고 있다.
　　밑에는 자연스럽게 비나 햇빛을 피할 수 있는 여유로운 공간이 생겼다.

4

1

2

3

4

1_ 거실 벽면 천장까지 자연석으로 마감한 매립형 벽난로로 보조난방의 기능과 함께 실내장식 효과 또한 크다.
2_ 건물 전면부의 데크로 파티오도어가 설치되어 있어 거실과 데크, 정원으로 이어지면서 외부 전경이 한 눈에 들어오는 시원한 공간이다.
3_ 처마를 길게 빼서 기둥과 서까래가 노출된 휴식공간을 만들었다.
4_ 지붕과 지붕이 만나는 회첨 부분으로 지붕선을 그대로 내부 인테리어로 이용해 천장에 입체감이 살아났다.

1

2

3

1_ 정면에 큰 창을 내어 거실은 더욱 밝고 벽난로와 통나무벽체, 가구가 어울려 고급스럽고 따뜻한 느낌의 거실이다.
2_ 천장이 그대로 노출된 2층 모습으로 기둥을 대여 하중을 보강하였다.
3_ 개방된 거실 일부를 가벽으로 막고 한쪽에 식당 공간을 마련하였다.

1

2

3

4

5

1_ 수공식으로 손맛이 살아 있는 나뭇결이 느껴진다. 오픈천장에 팬을 설치하여 공기순환을 돕고 있다.
2_ 맞배지붕의 합각을 네 부분으로 나누고 창을 설치한 상세이다.
3_ 2층에서 바라다본 맞배지붕의 합각 창으로 차경이 한눈에 들어온다.
4_ 많은 수납공간이 있는 화이트 톤의 주방에 아일랜드 테이블을 배치하고도 넉넉한 공간의 여유로움이 느껴진다.
5_ 주방에 세운 가벽 뒤로 휴식공간을 만들어 뒤뜰과 연결하였다.

1

2

3

4

5

6

1_ 1층에 넓게 자리한 응접실 겸 휴식공간으로 3면이 모두 다양한 디자인의 창으로 개방되어 있어 시야가 거침이 없이 시원스럽다.
2_ 원목 바닥부터 금색의 배관 파이프와 욕실 기구들의 세세한 부분까지 개방하여 정리정돈이 잘 되어 있는 욕실이다.
3_ 야구를 좋아하는 아들의 컨셉에 맞게 레드 톤으로 방을 꾸몄다.
4_ 네 귀퉁이에 커튼을 설치하여 길게 늘어뜨리거나 타이백을 이용하여 커튼을 묶어 놓으면 캐노피를 설치한 것과 같은 인테리어를 완성할 수 있다.
5_ 통나무 벽에 선반을 설치하여 많은 트로피와 소품들로 장식하였다.
6_ 통나무집을 짓고자 하는 건축주를 상대로 상담하는 모델하우스 겸 전시장으로 활용하고 있는 사무공간이다.

1

2

3

4

1_ 전시실 한쪽에 다크브라운 톤의 테이블과 의자를 놓아 아담한 상담실을 마련했다.
2_ D형 통나무를 이용하여 조적(notch) 방식으로 만든 창 앞으로 통나무 샘플이 가지런하게 진열되어 있다.
3_ 의도된 거친 필링으로 난간대와 서까래를 설치하니 색다른 멋과 함께 자연미가 더욱 살아있다.
4_ 2층에서 내려다본 계단으로 곳곳에 회사를 홍보하는 패널이 걸려있다.

ㄱ

가새 가새는 주로 좌·우의 두 기둥과 상·하의 보 또는 토대로 짜인 직사각형 벽체 뼈대의 한편 모서리에서 다른 편 모서리로 빗대어 지진이나 바람으로부터 버티는 힘을 높여주는 중요한 부재다.

가조립 조적 방식의 통나무집을 지을 경우 건축 현장과는 다른 곳에서 미리 통나무 벽체를 쌓는 것. 통나무집을 짓는 곳의 교통이 불편하거나 경사지인 경우, 평지에서 통나무를 가공해서 쌓은 후 해체해서 건축 현장으로 운반한 다음 본 조립을 한다.

개구부(開口部) 통나무 벽체에 뚫는 공간의 총칭. 창이나 문과 같은 창호를 달기 위해 직선으로 자르거나 아치 커트를 위해 곡선으로도 절단한다.

관통볼트 통나무 벽체를 일체화시키기 위해 토대에서 주도리까지 연결하는 볼트. 노치에서 45cm 이내로 설치한다.

그라인더(grinder) 통나무의 표면을 깨끗하게 할 때 사용한다. 샌드페이퍼를 장착해 사용하며 대패를 사용할 수 없는 곳을 처리할 때 이용한다. 7인치와 3인치 두 가지를 준비한다.

그루브(groove) 통나무와 통나무가 겹치는 부분의 엎을장 통나무 밑면에 파는 홈. 래터럴 그루브, U 그루브, 박스 그루브, 로크 그루브, Z 그루브 등 여러 가지가 있다. 용도에 맞게 적합한 형태를 선택한다.

기계식 통나무집 통나무를 기계로 가공해서 만든 통나무집. 다양한 형태와 규격이 있으며 깨끗한 외관이 특징이다. 가공 형태에 따라 라미네이터형, 원형, D형 등이 있다.

기초 건물을 지탱하는 구조물. 지름이 굵은 통나무나 돌을 쌓은 기초도 있지만, 대부분의 경우 철근콘크리트를 사용한다. 콘크리트 기초는 크게 나누어 콘크리트 기둥을 사용하는 독립기초, 콘크리트를 채워 넣은 통기초, 철근을 사용한 줄기초가 있다. 일반적으로 줄기초를 많이 사용한다. 중량이 무거운 통나무집에서는 철근을 이중으로 배치하고 앵커볼트를 설치한다. 한랭지에서는 동결심도 이하로 설치한다.

꽂임촉 통나무가 미끄러지지 않게 박는 철제나 목제의 긴 못. 녹이 슬지 않는 재질을 선택하여 사용한다.

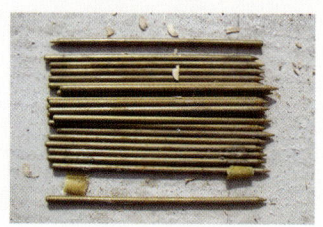

ㄴ

내력벽(耐力壁) 지붕의 하중을 지탱하는 힘이 있는 벽. 조적 방식 통나무집에서는 통나무 벽체가 내력벽이다.

네이러 키보드를 고정하는 판. 창틀이나 문틀에 끼는 판으로 창틀을 고정할 못을 박는 자재이다.

노치(notch) 통나무가 교차해 결합 되는 부분에 파는 홈. 통나무의 밀착성을 높인다. 대표적인 노치는 라운드 노치, 새들 노치, 웨지 노치 등이 있다.

ㄷ

더글러스 퍼(douglas fir) 통나무집에 사용하는 원목 중에서 가장 대표적인 수종이다. 태평양 연안의 구릉지에 군생한다.

도머(dormer) 지붕에 설치된 출창. 채광과 다락방인 로프트의 거주성을 고려해 큰 도머를 설치하는 경우가 많다. 게이블(gable) 도머, 셰드(shed) 도머 등이 있다.

동결선 겨울철에 땅속이 어는 깊이. 기초를 만들 때 동결선보다 깊게 파지 않으면 땅이 얼면서 기초판이 떠오르게 된다.

디자인 커트 로그엔드에 작업하는 플레어 커트(plare cut), 통나무 칸막이에 작업하는 아치 커트(arch cut)도 디자인 커트의 일종이다.

ㄹ

라운드 노치 노치의 원형. 스카프를 가공할 수 없는 곳이나 노치만을 가공할 때 사용한다.

래터럴그루브(lateral groove) 통나무 단면이 노출되지 않는 개구부와 같은 곳에 사용한다. 마치 M자 모양의 형태가 된다.

로그 독(log dog) 통나무 벽체 작업 시 벽체 위에서 통나무를 제자리에서 돌리거나 굴러가지 않게 하려고 사용하는 T자형 철물.

로그 빌더(log builder) 통나무집을 만드는 사람. 엔진톱으로 통나무를 가공해 상량까지 작업하는 사람을 말한다.

로프트(loft) 다락방. 통나무집에서는 지붕틀로 지붕을 만들기에 로프트가 생긴다. 지붕물매를 되물매로 하거나 도머를 설치하면 로프트의 거주성을 높일 수 있다.

ㅁ

목재 쉬글 목재 쉬글은 적삼목 기와와 너와가 있다. 목재 쉬글은 기계로 가공하지 않고 수작업으로 만들어 나뭇결이 살아있는 것을 사용해야 배수가 잘된다.

물매 수평을 기준으로 한 지붕이나 비탈길 등의 경사도를 말한다. 수평 길이 10cm에 대해 단위 수직 높이가 4cm라면, 지붕의 경사를 4/10 물매 또는 4cm 평물매라고 한다. 이 경사를 각도로 표시할 때도 있는데 수평 길이 10cm에 대해 수직 높이가 10cm인 지붕의 경사가 45°일 때를 되물매라고 하고 그 이상일 때를 된물매라고 한다.

물수평기 가기초나 들보의 수평점을 찾을 때 사용한다. 투명한 비닐호스에 공기가 들어가지 않도록 물을 넣어 사용한다.

ㅂ

박공 건물의 측면 벽에 내민 경사진 지붕 옆면.

버림콘크리트 구조 콘크리트를 타설하기 전에 바닥 면을 고르고 콘크리트 페이트가 땅으로 유출되는 것을 막기 위해 타설하는 것.

보 수직재의 기둥에 연결돼 하중을 지탱하는 수평 구조 부재. 축이 직각

방향의 힘을 받아 휘는 것에 대해 하중을 지탱한다.

브러싱(brushing) 평탄 작업. 목재의 받을장 부분을 평평하게 하는 것.

비계 높은 곳에서 일할 수 있도록 설치하는 임시 가설물로 작업원의 통로가 되며 재료 운반이나 작업을 위한 발판이 된다. 대부분의 건설공사에서는 철·알루미늄으로 만든 강관비계가 널리 쓰이고 있고 어떤 형태·길이·높이로도 손쉽게 세울 수 있다.

ㅅ

새들 노치(saddle notch) 스카프를 가공해서 사다리꼴 모양으로 연결하는 방법을 새들 노치라고 한다. 새들 노치는 가공한 모양이 말안장처

럼 생겼다고 해서 붙여진 이름이다.

샌딩(sanding) 그라인더에 샌딩용 페이퍼를 부착해 고속으로 회전시키면서 통나무의 표면을 정리하는 작업, 보통 7인치 그라인더를 많이 사용한다.

서까래 지붕 구조재의 하나로 종도리에서 중도리, 주도리에 걸쳐서 설치한다. 이 위에 바탕 바닥, 지붕을 이는 재료인 루핑, 지붕재를 붙여 지붕을 형성한다. 지붕 판을 만들고 추녀를 구성하는 가늘고 긴 각재(角材). 처마도리와 중도리 및 마룻대에 지붕물매 방향으로 걸치고, 지붕널을 덮는다.

선회목리 선회목리는 나뭇결이 나무 축과 상관없이 나선상으로 배열된 것이다. 원목은 나뭇결(목리)이 곧지 않으면 안 된다. 줄기 방향에 대해 나뭇결이 좌측이나 우측으로 휘어진 선회목리의 경우 곧은결목리(통직목리)에 비해 강도가 낮고 수축 중에 뒤틀리기 쉽기 때문에 사용하는 위치를 잘 정해야 한다.

세틀링(settling) 나무는 수축할 때 횡(가로)방향으로 수축한다. 통나무를 횡으로 쌓아가는 통나무집에서는 나무의 수축과 자체의 하중으로 벽체의 높이가 점점 낮아지는데 이것을 세틀링이라고 한다.

세틀링 스페이스(settling space) 세틀링의 진행에 따라 내려앉는 통나무 벽은 높이가 변하지 않는 창틀이나 문, 칸막이벽에 압박을 가하게 된다. 이런 현상을 방지하기 위해 창호와 칸막이벽의 상부에 공간을 둘 필요가 있는데 이것을 세틀링 스페이스라고 한다. 이 스페이스를 감추는 판을 세틀링 보드라고 한다.

소핏 벤트 처마 밑에 설치하는 환기구. 게이블 벤트는 처마벽(박공널) 부분에 있는 동그란 환기구를 말한다.

스카프(scarf) 노치 부분에 아래, 위의 통나무가 잘 밀착되도록 절단하는 면. 변재 부분을 제거해 수축이 일어나는 것을 예방한다. 절단이 끝나면 평탄 작업인 브러싱을 하고 샌

딩기나 곡면대패로 정리한다.

스코어링(scoring) 노치 커트를 할 때 엔진톱으로 인해 보푸라기가 이는 것을 방지하기 위해 섬유질 방향에 칼집을 내는 것. 끌이나 칼을 많이 사용하는데, 스코어링 전용 칼도 있다.

스퀘어 노치 보와 보가 허공에서 교차할 경우나 라운드 노치를 가공할 때 노치의 내부가 보기 좋지 않으면 스퀘어 노치를 한다.

스크라이버(scriber) 노치와 그루브를 가공할 때 아래, 위의 통나무 형태를 그대로 옮겨 그릴 때 사용하는 도구다. 컴퍼스에 물수평계가 달린 구조로 이것을 이용한 작업을 스크라이빙이라 한다. 국내의 그렝이칼

이 개량된 형태로 잉크 연필이나 사인펜을 끼워 사용한다.

스크루 잭(screw jack) 통나무의 세틀링 대책에 사용하는 철물. 통나무는 종(세로)방향으로 거의 수축하지 않고 횡(가로)방향으로 수축한다. 그 때문에 통나무집에서는 옆으로 쌓은 벽체와 바로 세운 기둥 사이에 세틀링의 차이가 생긴다. 이 차를 조절하기 위해 기둥의 아래나 위에 스크루 잭을 설치한다.

시방서 사양서(仕樣書)라고도 한다. 사용 재료의 재질·품질·치수 등과 제조·시공의 방법과 정도, 제품·공사의 성능, 제조·공법 등의 기술적 내용과 외관상의 요구 등을 표시한 설명서.

실로그(sill log) 기초와 토대 위에 놓는 제일 아래쪽 통나무. 기초, 토대와 고정한다. 조적 방식에서는 3/4 로그로 만들고 목구조 방식에서는 양면 절단 통나무를 사용한다.

실링팬(ceiling fan) 천장에 설치하는 환기용 송풍기. 열린 공간이 많은 통나무집에서는 다락방에 열기가 모이기 쉬워 공기를 순환시키는 실링팬을 달면 좋다.

ㅇ

아메리칸 칭크(chink) 통나무의 코너에만 노치를 파고 벽 부분에는 그루브를 파지 않고 칭크라는 화학제품을 채운 통나무집, 귀틀집과 같은 공법이다. 그루브를 가공할 필요가 없어 시간을 절약할 수 있고 통나무

의 하중이 노치 부분에만 걸리기 때문에 노치의 밀착성이 향상되는 장점이 있다.

앵커볼트(anchor bolt) 토대와 기초를 연결하기 위한 볼트로 기초 속에 설치한다. 통나무집에서는 지름 12mm 이상의 볼트를 2m 이내의 간격으로 설치한다.

OSB(oriented strand board) 길이가 폭의 두 배 이상인 나뭇조각을 섬유 방향으로 배치한 후, 3겹이나 5겹으로 직교시켜 액체 접착제로 압축 성형한 것. 합판용 원목의 공급량이 줄어들자 값싼 대체품으로 등장한 목질계 보드다.

원구, 말구 나무의 뿌리 쪽을 원구(元口), 가지 부분을 말구(末口)라고 한다. 통나무집에서는 원구와 말구를 교대로 쌓아 벽체의 수평을 유지한다.

U그루브 그루브가 노출되는 로그엔 드나 창호가 들어가지 않는 개구부, 디자인 커트 부분에 사용한다.

ㅈ

장부(tenon) 부재의 끝부분을 가늘게 만들어서 다른 부재의 구멍에 끼우는 촉. 이 구멍을 장부 구멍이라 한다. 용도와 형태, 사용하는 장소에 따라 여러 종류가 있다. 통나무집에서는 보통 장부를 많이 사용한다.

정주 현상 통나무를 조립한 후 시간이 지남에 따라 일정한 곳에 자리 잡는 현상.

주도리(plate log) 통나무 벽체의 최상단, 벽체의 중심선에 놓여 서까래를 받치는 부재로 주심도리라고도 한다. 지붕물매에 맞춰 통나무 상부가 비스듬히 절단된다.

주먹장

주먹처럼 끝이 넓은 면이나 안으로 갈수록 좁아지는 장부. 쐐기 모양이다.

종도리(ridge pole, 종도리, 마룻대) 지붕의 가장 위에 설치되는 구조재. 주도리와 평행하게 설치한다. 마룻대를 올릴 때는 보통 공사의 무사를 비는 상량식이란 행사를 한다.

지붕물매 지붕의 경사각. 종도리에서의 수직 거리와 그 지점에서 주도리까지의 수평 거리 비율을 말한다.

직각박스 굴곡진 통나무의 중심선에 대해 직각이 되는 단면을 찾기 위해 사용하는 것.

직소(jigsaw) 구멍을 내거나 자르는 데 쓰는 도구. 목재 표면에 바닥을 밀착하고 머리를 한 손으로 눌러 주면서 사용한다. 원형으로 생긴 통나무의 모양대로 재단할 때 쓴다.

ㅊ

처마돌림(fascia, 박공) 지붕의 서까래를 감추고 비로부터 지붕을 보호하기 위해 붙이는 팔(八)자 모양의 판. 처마 쪽에 붙이는 것을 처마돌림, 박공 안쪽에 붙이는 것을 처마벽(박공널)이라고 한다.

ㅋ

키보드(keyboard) 키웨이에 끼워넣는 판. 일반적으로 목재와 철재를 사용한다.

키웨이(keyway) 창호를 설치하거나 나무와 나무를 연결하기 위해 통나무의 단면에 파는 요(凹)자형의 홈. 피스앤 피스 공법에서는 키웨이를 파고 필라로그라고 부르는 짧은 통나무를 기둥과 기둥 사이에 끼워서 벽을 만든다.

ㅌ

타카

스테이플러처럼 나무에 핀을 박는 데 사용하는 공구로 총처럼 핀을 쓴다. 타카는 ㅡ자 날과 ㄷ자 날을 사용하는 것이 있다.

투바이퍼(2×4)공법 19세기 미국에서 고안한 건축공법. 주로 2×2인치 각재를 사용하는 데서 명칭이 유래됐다. 기둥이 없이 2×4인치의 골조와 합판으로 벽을 지탱한다. 통나무집에는 칸막이벽에 이 공법을 사용한다.

트러스(truss) 처마벽(박공널) 쪽에 통나무로 만든 삼각형 구조체. 통나무집의 상징이라고도 할 수 있다. 대공만을 세운 구조에 비해 강도가 뛰어나다. 지붕의 보에는 하중이 걸리면 보의 윗부분은 서로 밀고 아랫부분은 서로 당겨서 보가 휘게 된다. 이때 보를 구부리는 힘은 상, 하단이 가장 크고 중간은 작다. 즉 보의 중간에는 아직 하중에 대한 여력(餘力)이 있다고 말할 수 있다. 따라서 이 여력을 이용해 보에 기둥을 세우고 보강해서 커다란 지간(支間)으로 사용할 수 있다.

트림보드(trim board) 창호의 좌우에 설치한 네이러와 창틀의 틈을 보이지 않게 감추는 판을 말한다.

ㅍ

포스트앤빔 공법(post & beam construction) 통나무 목구조 방식. 통나무를 사용해서 기둥과 보를 구성하는 건축양식. 벽은 벽지, 판, 플라스터, 회벽 등 여러 가지로 마감할 수 있다.

프럼보드(plumb board)

지구의 중심점으로 향하는 연직선(鉛直線)을 그어 놓은 판. 스크라이버를 조정할 때는 정확하게 그은 이 연직선을 기준으로 레벨을 맞춘다. 연직선을 긋기 위해서는 먼저 프럼보드를 수직으로 설치하고 이 보드에 수직선을 긋는다.

피비(peavy) 지렛대의 원리를 이용해 통나무를 돌리거나 위치를 이동할 때 쓰는 도구이다.

필링(peeling) 통나무의 껍질을 벗기는 것. 필링나이프나 곡면대패를 사용해 사람 손으로 작업하는 핸드 필링. 기계를 사용하는 머신 필링, 고압의 물을 사용하는 스파트 필링이 있다.

ㅎ

하프로그(half log)
통나무를 반으로 절단한 것. 조적 방식의 첫째 단은 원목의 1/2 상태인 하프로그와 3/4 상태인 실로그로 만들어진다. 통나무 벽체는 하프로그로 인해 반 단의 고저 차가 생겨 서로 잡아 주는 구조가 된다.

함수율 목재에 포함된 수분의 양을 나타낸다. 벌채한 나무는 함수율이 높아 건조하면 뒤틀리거나 휘게 된다. 함수율을 낮추는 방법은 야외에 내버려 두는 방법 외에 목재를 물속에 담가 세포 중의 수액을 물과 교환시킨 후, 공기 중에서 건조하는 방법 등이 있다.

핸디코트(handy coat) 석고보드의 조인트 부위나 고급 도장을 필요로 하는 마감 면의 처리를 위한 테라코사의 퍼티용 제품이다. 빠데라고도 하는 퍼티용 제품을 핸디코트라 통칭해 부르기도 한다. 독특한 질감과 다양한 색상의 연출이 가능하며 주 성분은 석회질로 되어 있다.

헤드로그 통나무집 벽체에 뚫린 공간인 개구부의 최상단이다.